思考致富实现版 CAN YOU REALLY THINK AND GROW RICH?

思考致富实现版

我们真的可以思考致富吗

[美] 拉米·埃尔－巴特拉维 / 著

叶芙蓉 / 译

金城出版社
GOLD WALL PRESS
·北京·

图书在版编目（CIP）数据

思考致富实现版 / (美) 拉米 · 埃尔–巴特拉维著 ; 叶芙蓉译. –
北京 : 金城出版社有限公司, 2023.3
书名原文：Can You Really Think and Grow Rich?
ISBN 978–7–5155–2446–7

Ⅰ. ①思… Ⅱ. ①拉… ②叶… Ⅲ. ①成功心理 – 通俗读物
Ⅳ. ①B848.4–49

中国版本图书馆CIP数据核字（2022）第 251401 号

思考致富实现版

著　　者	[美] 拉米 · 埃尔–巴特拉维
译　　者	叶芙蓉
责任编辑	雷燕青
责任校对	张礼文
责任印制	李仕杰
开　　本	880 毫米 × 1230 毫米　1/32
印　　张	4
字　　数	100 千字
版　　次	2023 年 3 月第 1 版
印　　次	2023 年 3 月第 1 次印刷
印　　刷	三河市祥达印刷包装有限公司
书　　号	ISBN 978–7–5155–2446–7
定　　价	39.80 元

出版发行	**金城出版社有限公司** 北京市朝阳区利泽东二路3号　邮编：100102
发 行 部	（010）84254364
编 辑 部	（010）64210080
总 编 室	（010）64228516
网　　址	http: //www.jccb.com.cn
电子邮箱	jinchengchuban@163.com
法律顾问	北京市安理律师事务所　（电话）18911105819

推荐序

约翰·格雷

这本书虽然篇幅简短，但内容引人入胜，以令人愉悦的方式讲述了一个白手起家的传奇故事，让我不忍释卷。它可读性很强，而且能改变你的人生。我打算反复阅读它。

作者拉米·埃尔-巴特拉维用通俗易懂的文字讲述自己如何从一名普通人成长为成就卓越的巨富，并提供了一条对所有人都适用的路径。

我认识拉米的时间超过25年，目睹他凭借特殊才能帮助自己和他人取得了巨大的成功。我自己在生活中也有幸获得了他的帮助。

我是全球畅销书《男人来自火星，女人来自金星》的作者（我还有许多其他著作）。你或者你的父母很可能读过或者至少听说过这本书。凭借拉米在营销和成功学方面的天赋，该书在全球狂销5000多万册，在5年多时间里一直是畅销书排行榜冠军，是有史以来销量最大的关系类书籍。

在撰写《男人来自火星，女人来自金星》一书期间，我确曾希望该书能进入畅销书排行榜，正因为有了拉米的帮助，它才得以长期占据榜首。如果没有拉米的构思和支持，该书不会在普罗大众中间拥有如此广泛的知名度。

《思考致富实现版》每一章都在描述一种不为众人所知的心态，并提供作者赖以成功的秘诀，唤醒读者心中实现梦想的力量。我发现，所有这些秘诀拉米都曾使用过，而且都能奏效。我自己在生活中也会使用这些秘诀。

这种不为众人所知的心态，1937 年拿破仑 · 希尔在《思考致富》一书中首次披露。《思考致富》是一本久经考验的经典著作，也是拿破仑 · 希尔最畅销的作品。当时受到该书启发的一小部分读者后来成为 20 世纪最成功、最有影响力的一批人。

过去一个世纪以来，《思考致富》一书提供的诸多深刻见解令数以百万计的读者受益匪浅，但并未惠及所有读者。批评家有时会指责它“只强调读者要积极思考，没有告诉读者具体采取哪些行动”。某些情况下，人们“无法理解这本书”。读完之后，他们会认为“只要我对成功进行设想，相信自己，保持积极的态度，而且确实希望获得成功，那么成功就会到来”。这种想法当然也是该书内容的一个方面，但仅有这种想法显然是不够的。

所以说，拉米的这本书是《思考致富》的“良配”。它不仅向读者揭示了成功的诸多秘诀和关键，而且能启发、激励读者采取正确的行动。拉米在书中回顾自己如何运用《思考致富》所提供的经验，进而清楚地告知读者取得成功所需采取的行动。

知识付诸实践之后就会转化成真正的力量。如果你没有尝试将本书的致富思维运用到实际行动中，那么，单纯进行积极思考对于实现梦想并没有太大帮助。

要想取得成功，你必须提升自己的真实力量。打个比方，如果你想增加肌肉，让自己变得更强壮，就必须反复地测试肌肉的极限。你必须“让肌肉燃烧”：首先让它“解体”，然后花几天时间进行恢复。

这样，当你再次回到健身房的时候，你会发现自己变得更强壮了。持续的增长意味着多次的“解体”。

成功也是一样。你的目标越高，你需要面临的“解体”就越多。在成功的诸多关键中，有一条就是从跌倒的地方爬起来，重新出发。世上其实并没有失败这回事，只是有些人在跌倒后不愿意爬起来。如果你有正确的心态，那么，每次失败都能让你获得更加深刻的见解，帮助你调整方向，使你的收获超乎想象。

至于《思考致富》所揭示的那些秘诀，了解是一回事，付诸行动又是另外一回事。通过诚心学习，我们很容易从思想上了解成功的秘诀，但是行动的动力源自我们的内心。

拉米的成功之路让人心驰神往。更重要的是，它能一次又一次让读者鼓起行动的勇气，在被生活击倒时重新站起来，就像拉米所做的那样。

《思考致富》讲述了成功人士的故事，描绘了他们所遇到的困难和挑战，但这些内容并非成功人士亲口所述。当你阅读一本介绍他人的书籍时，你的内心会不由自主地对书中的思想和故事产生共鸣。但是，这并不能引发行动。很多读者只会停留在思考层面，并不会付诸行动。

在本书中，拉米用自己的方式讲述了他经历的诸多尝试和磨难，以及他所取得的辉煌成就。他的这些秘密将植入你的内心，让你觉得“如果他能做到，那我也能做到”。

这本启迪心灵的读物可以赋予你勇气和动力，促使你积极行动，激励你永不言弃。如果能将拉米这位知名富豪的个人智慧运用到实践中，你就会坚信：我自己也能做到思考致富。

致 谢

感谢拿破仑·希尔基金会对我的鼓励。该基金会致力于传承拿破仑·希尔宝贵的精神遗产。如果你想取得伟大的成就，请查看该基金会所拥有的资源，包括正版的希尔著作。

尤其要感谢所有信任我、对我抱以期待的人。除了书中提到的几个人之外，还有许多其他人和我携手打造了宏伟的愿景。

还要感谢我的每一位“老师”，即我在生活中遇到的每一个人、每一件事。这些“老师”给我带来的经验（包括我从失败和阵痛中总结的教训）推动我在生活中努力前行。我从来不会因为负面事件而忽视生命的巨大可能性。

最后，我要感谢宇宙的力量。如果愿意拥抱宇宙的各种可能性，你就可以利用宇宙的力量。

关于语录和钥匙符号

本书引用了拿破仑·希尔的一些语录，这些语录不断启发着我。我在这些语录的后面加上了一些简短的思考内容。我还对解锁“非凡人生”的原则进行了调整，并用钥匙符号（

）进行了标记。

目 录

前　言

你真的能做到思考致富吗？

第一次通篇读完拿破仑·希尔的《思考致富》，我开启了成功之路。

《思考致富》的内容极具说服力，令我深陷其中，促使我迫不及待探索书中提出的核心原则。当时，我才 12 岁。

年轻的时候，我们通常更容易受到外界的影响，更愿意接受新思想。随着年龄的增长，外界的影响因素开始逐渐令我们的思想僵化。幸运的是，在读《思考致富》时，我年纪尚轻，思想非常开放。因此，希尔的文字得以在头脑中扎根。这是我毕生全力追逐的诸多机会之一。

我之所以称之为“机会”，而不是“运气”，是因为我以往和当前的成就并不能归功于运气。这些成就证明，如果我们全面运用《思考致富》提出的核心原则，就可以取得巨大的成就，并学会如何掌控命运，无论前进的道路上遇到何种障碍。即使面临最糟糕的事情，我们也能在承受痛楚的同时获得强大自我、取得更大成就的机会。在致富道路上，我一开始就学习如何在机会出现时迅速果断地把握住机会。这一过程中，我恪守《思考致富》所体现的精神。在阅读《思考致富》时，请思考一下，在今天、明天乃至更远的未来，自己如何能做到这一点。

自 1937 年出版以来，《思考致富》造就了无数富翁。在这方面，其他任何书都无法与之相提并论。该书为读者提供了取得成功的路线图，无论读者想要获得什么样的成功。但是，希尔要求读者必须拥有坚定且强烈的欲望，必须拥有“万能之匙”（我在本书中将对此进行探讨）。《思考致富》催生了励志行业，直到今天仍在畅销。托尼 · 罗宾斯、杰克 · 坎菲尔德、埃克哈特 · 托利等许多作家的作品都受到了这本书的影响。

祈愿一件事，准备好去接受它，是有区别的。一个人唯有在相信自己会达成目标，才算是有准备的接受。心理上必须深信不疑，而非仅只是希望或者祈愿。开放的心态才会有成功的信念。

——《思考致富》

— 沉思 —

有些人坚信自己“心态开放”，但实际上明显存在心理障碍，因而无法实现自己的目标。我遇到过很多这样的人。《思考致富》中所探讨的“信念”总能引发明确、果断的行动。

我之所以决定写这本书，有两个原因。首先，希望向读者展示我在生活中如何系统地检验和运用希尔提出的原则，学习成功之道。其次，想用自身的经历帮助读者对《思考致富》所提出的原则进行转换，使读者同样可以取得成功。很多时候，励志类书籍的读者并不能取得成功。

对于本书标题中提出的问题，我的经历可以给出明确回答：是的，你能做到思考致富。更具体地来说，你，本书读者（而不是其他人），能做到思考致富。如果你都不相信你自己，谁还会相信你？

除了展示《思考致富》所提出的主要原则如何在我的生活中发挥作用，还将描述我如何扩展、改良这些原则，让其为我所用。希尔毕生致力于教会他人如何将这些原则转化成自己的东西。在扩展和改良的每一步，我都会将这些原则融入日常思维，确保自己在为人处世之中能自发运用这些原则。

我不仅会思考如何应对新情况，还会思考如何自觉而自信地勇毅前行。我思想上的开关总是处于“开”的状态，总是能让我联想到从《思考致富》学到的东西，以及帮助我们坚定志向的其他人的励志故事。高档酒店通常设有持专属开门卡才能出入的高层房间，希望我能激励读者在生活中离开最底层的“大堂”，并能用自己的“钥匙”穿过“低层”，到达“最高层”。

阅读本书时，你会发现，我的成功之路并不是那种普通人按部就班成长为成功人士的俗套故事。

它包含一系列惊人的事件，而这些事件足以摧毁很多人（甚至大多数人）的生存能力。

我不仅成功实现了自己设定的目标，而且认识到我可以突破他人试图对我和他们自身施加的种种限制。我不想让任何人或任何事限制我的雄心壮志。我决定不断努力，寻求打造非凡人生。

我们可以为清醒状态下的自己注入清晰的灵感，消除疑惑、恐惧以及其他妨碍我们进步的习惯。这样，就可以打造非凡人生。

第一次读《思考致富》时，我 12 岁，处在容易接受新思想的年纪。但是，无论你处在何种年纪，要想打造非凡人生，你必须充分相信我和其他追求成功的人士所坚持的道路，不遗余力在这条路上走下去。你必须发自内心相信自己确实能做到思考致富。

登上任何领域的顶峰都是一个艰难曲折、旷日持久的过程，而且通常很乏味。全情投入说起来简单，做起来难。这就是大多数人无法登顶的原因，行动才是最重要的。全情投入就像赌博时投下所有筹码，你必须让人们相信你在必要时愿意孤注一掷。

做不到全情投入的人，在形势不利时可能选择放弃。人生中肯定会遭遇困顿时刻。我的人生也是如此。当前，为了提升自我，你可以在杰出人士的传记中寻找灵感。你会发现，之所以能脱颖而出，是因为他们拒绝放弃。在普通人放弃之后，他们仍然努力前行，不畏远途。这些人和你是同类——你得相信，你能成为他们之中的一员。不相信这一点，你还有可能踏上成功之路吗？

本书描述了我所认为的非凡人生是什么样子。我认为，非凡人生包括创造财富。但是，非凡人生的要点并不是某种具体的成就，而是如何才能有所成就——无论摔倒多少次，我都会重新站起来，如有必要，我愿意再次跌倒，再次站起来。我认为，这是我最基本的优点，正如我所尊敬的其他成功人士也具备这样的优点。

无论是在生意中，还是在个人生活中，我都能做到坦诚。本书将不加修饰地向您呈现我的生活细节，让您也有所收获。请根据自身情况对我的经验进行调整，即刻开始构建自己的非凡人生。

有位哲学家曾说：“生活似乎充满了混乱。各种随机的、不相关的事件会彼此冲突，引发这样那样的状况，进而制造混乱。混乱具有压倒性力量。它不也正是世界上万事万物所处的状态吗？假以时日，当回顾这种混乱的时候，你会觉得它就像一部精心构思的小说。但在当时，你并不会这样认为。”

——乔·沃尔什

— 沉思 —

我将《思考致富》所提出的原则牢记于心。因此，我从未被生活中的混乱所击倒，反而学会了如何有序地规划每一天。

第一章

没有借口，没有托词

《思考致富》最后一章，列出了人们在生活中未能获得成功或者根本没有开启成功之路时常用的借口。

我对这些借口都是拒绝的。你也应该对此及其他林林总总的借口进行检讨，看看你所用的借口是否属于托词。之后，你必须摒弃借口。

《思考致富》指出许多被当成“托词”的“假如”：

假如我没有家庭拖累……
假如我有足够的门路……
假如我有钱……
假如我受过良好教育……
假如我能找到工作……
假如我身体健康……
假如我有时间……
假如能时运亨通……
假如他人了解我……
假如有人能帮助我……
假如我曾把握住逝去的机会……
假如我的家人理解我……
假如我住在大都市……
假如我现在就能开始……
假如我有空……
假如我能有好运气……
假如我能清偿债务……
假如我没有失败……

假如周围的情况不是这样……
假如我能重活一遍……
假如我不在乎他们说的话……
假如我现在有机会……
假如他人没有怀恨我……
假如我更年轻些……
假如我可以做自己想做的事……
假如我生来富有……
假如我能碰到贵人……
假如我具有别人的才能……
假如我可以存点钱……
假如我知道怎么办……
假如没有人反对我……
假如我确信自己……
假如我不是时运不济……
假如“人各有命”是不正确的……
假如我没有损失我的钱财……
假如我没有过去……
假如我有自己的事业……
假如他人肯听我说……
假如我有勇气面对自我……

你是否曾利用以上某种借口或类似借口？许多未能取得成功或者根本没有尝试去实现梦想的人，会利用此类借口为自己辩解。我当然也可以利用此类借口或其他借口。毕竟，我 12 岁就辍学离家，在 17 岁之前一直居无定所。但是，我学会了拒绝所有借口。你也应该这样做。

忽略运气

我不喜欢使用“运气”这个词，尤其是总有人告诉我，他们希望自己的运气更好或者能交好运。他们可能认为成功（尤其是致富）只会眷顾幸运的人，因此试图成为幸运的“赌徒”。如果你也这样想，你将会被生活击倒，因为长期来看，赌场中赢钱的只能是“庄家”。就像我的成功之路所证明的那样，我从来不指望自己交好运，尽管我在机会明确出现时能立刻调转方向。

忽略恐惧

除了诸多的“假如”之外，《思考致富》最后一章还描述了6种基本恐惧或“鬼魅”，即常常笼罩在人们心头、导致人们无法取得成功的恐惧情绪：恐惧贫穷、恐惧批评、恐惧病痛、恐惧失去爱、恐惧衰老、恐惧死亡。我克服了这些恐惧以及希尔所谓的第七种“邪恶力量”：易受消极影响力的影响。

我是白手起家，曾经多次获得巨额财富，也曾让这些财富化为乌有。但是，每次倾家荡产之后，我总能东山再起，并超越以往的成就。我最终战胜了身边挥之不去的种种负面影响因素，尤其是那些“摇头族”的言论。“摇头族”坚持认为我无法实现在他们看来无法实现的目标。

仅靠积极思考是不够的

在踏上成功之路、开启非凡人生之前，我既缺乏教育背景，也没有钱财和朋友，根本没想过自己能在任何事情上取得成就。对贫穷的恐惧本来可以轻易击倒我，好在我熟悉《思考致富》所提出的原则。这些原则帮助我克服并跨越阻止我实现目标的各种障碍。事实上，我并没有理会这些障碍，而是把它们转化成在必要时通过及时调整可以抓住的机会。

我知道如何最有效地调整方向，但我从不会走回头路，从不会带着悔意回望过去。我调整方向的能力后来发展成自觉的行为方式。我迄今为止仍然保持着这种行为方式。

《思考致富》并不局限于积极思考这个方面。在负面思维的海洋中，仅进行浅层次的积极思考并不能帮你打造成功的人生，更不要说非凡人生。所有负面思维、所有恐惧最终会淹没浅层次的积极思考。因此，必须了解一点，仅仅阅读一本励志书并不能推动你取得进步。任何有用的原则都必须融入意识和潜意识中。这些原则应该完全占据你的思维，使消极因素无隙可乘。我在后面将反复强调这一点。

“千里之行，始于足下。”很多人在临终前回望自己的一生，会说：“要是我采取不一样的做事方式该多好……要是我在机会降临时利用好它该多好……”愿望没能实现的人生总是充满了“要是……该多好”。这些人缺乏勇气。他们的人生在真正开始之前就已结束。人生拥有很多机会。通过这些机会，既能创造伟大成就，也会经历惨痛失败。能不能主动抓住降临到身边的机会，这取决于你自己。不采取行动，人生注定平庸。不要犹豫，现在就行动起来！

——《思考致富》

— 沉思 —

我的目光始终瞄准最高处。无论前方有着怎样的危险，我都不会满足于平庸的生活。

《思考致富》的万能之匙

只停留在思考层面上是不够的。你必须产生热切的强烈欲望。如果没有强烈欲望，一旦出现不利情况，就很可能放弃。

强烈欲望能让你不断前行，无论遇到多少阻碍，无论听到多少次“不”，无论被拒绝多少次。在《思考致富》最后一章，希尔强调称，强烈欲望是解锁财富的“万能之匙”。

强烈欲望是我成功之路上的第一把钥匙。在此基础上，我把其他“钥匙”组装在一起，走上了通往非凡人生的道路。

第一把开门的钥匙

每个人都希望得到某些东西——巨额的财富、美满的爱情或者巨大的影响力。但是，强烈欲望（尤其是真正炽热的欲望）远比这来得重要。强烈欲望的形成靠的是《思考致富》提出的基本原则。我每天都在运用这一原则。

对你想要的东西寄托深刻的情感，进而推动自己取得更大的成就。

与思维相结合的情感不一定要是正向的。比如说，伟大的爱情、美好的性爱固然有很强大的力量，但剧痛等情感可能有同样效果。某些化学品诱发的情感也可能具有强大的力量。

就我个人来说，我在职业生涯初期曾运用《思考致富》的两条主要原则：

- 心想则事成。
- 只要对你想要的东西寄托深刻的情感，任何事情你都能做到。

坚信并运用这些原则可以帮助你集中精力，进而实现自己的目标。越是集中精力，这些原则融入日常生活的程度就越高。

要取得成功，必须坚持不懈。

必须始终抱有坚定决心和强烈欲望。

强烈欲望与珊瑚石城堡

12 岁离家时，我心中只有一个目的地——美国。最后，碰巧来到了佛罗里达州。在这里，我开启了成功之路。其间，我密切关注他人的经历，并不断将《思考致富》提出的经验与他人的成就联系起来。

珊瑚石城堡是我在佛罗里达最早探索的目标之一。这处旅游胜地最初修建在佛罗里达市，后被其主人搬迁至迈阿密附近的霍姆斯泰德。珊瑚石城堡及其周围的环境是人类心灵构思和创造的杰出成果。仅凭着手工制作的工具，爱德华·利兹卡宁花了 28 年时间将 1000 吨石灰岩（一种沉积岩，成分通常包含贝壳化石和活珊瑚）雕刻成一系列不朽的建筑物，包括他所住的塔楼以及家具、雕塑等。

每一个石块在砌筑时都没有使用砂浆。石块之间严丝合缝，即使很薄的刀片也插不进去。重达 8 吨的大门是珊瑚石城堡最著名的景点。它拥有高度平衡的设计，用一根手指就能推开。

据说，利兹卡宁 26 岁时住在家乡拉脱维亚，在婚礼前一天惨遭未婚妻抛弃。由此引发的强烈负面情感促使他在移居美国之后，产生了强烈欲望。这个体重只有 45 公斤、身高 1.5 米出头的小伙子决定自行建造一座非同凡响的建筑，以纪念他逝去的真爱。他向宇宙敞开心灵，最终得以窥见建筑背后的奥秘。

透过珊瑚石城堡，我清楚认识到，如果将自己的强烈情感与想要的东西相结合，任何事物都无法阻止你实现目标，就像任何事物都无法阻挡利兹卡宁一样。珊瑚石城堡成为指引我形成强烈欲望的蓝图。

建造珊瑚石城堡有什么秘诀？利兹卡宁从来没有透露过。但是，我不会私藏任何关于成功的秘诀。我将向你展示我所经历的高峰和低谷。这些高峰和低谷是我最终取得杰出成就所不可或缺的。

珊瑚石城堡一角

囊中羞涩，精神富足

离家的时候，除了读过 20 多遍的《思考致富》，我一无所有。奇怪的是，我当时凭借直觉居然能迅速掌握《思考致富》提出的许多原则。在后来的生活中，我发现，这些原则已经存在于宇宙之中。《思考致富》使我对自己掌握的知识有了更深刻的理解。我认可《思考致富》提出的基本真理。基于真理的东西经得起时间的考验。

之后要做的就是保持强烈欲望。没有这种欲望，我不可能在 5 年时间里甘心浪迹于佛罗里达街头。在面临同样的境地时，许多人会认为“这也太难了”，然后选择回家。他们就这样放弃了求富和成功的梦想。

在创造任何有价值的事物之前，首先必须在内心中把它创造出来。身体上的界限不应该约束你的内心。在内心的“工作室”中，你可以想象那些前所未有的事物。据说阿尔伯特·爱因斯坦曾在脑海中想象，如果自己骑着一束光穿越无尽的空间，宇宙看起来会是什么样子。之后，他开始钻研数学问题，为相对论提供支撑。你可以发挥自己的想象力，构思疑难问题的解决方案，进而萌生出新的想法，实现自己设定的目标。

——《思考致富》

— 沉思 —

我一直通过我内心的“工作室”为新项目构思创意。这个“工作室”全天候不间断运营。

内心的强烈欲望推动着我每一天努力前行，直到发现开启成功之路需要哪些东西。

第二章

浪迹于生命的街头

我的人生哲学是放眼未来，而非追悔过去。

每个人都听过倒霉的故事。人们可以轻易将“倒霉”作为失败的借口。但我不会这样，尽管曾无家可归，曾流落在佛罗里达州坦帕市街头。对我而言，那段经历是《思考致富》所提出的各种思想的“试验场”。

第一次选择

我出生在瑞士日内瓦，父母是埃及人。我们家先是从日内瓦搬到了巴黎，之后前往美国住了两年，后来又搬到加拿大魁北克省蒙特利尔。我学习成绩不太好，经常挂科（我的最高学历大体相当于美国的高中）。那些年，我曾遭受生活的沉重打击。我是校园霸凌的受害者。遭遇霸凌的经历促使我不断磨砺自我，并告诫自己：如果有一天我的实力强过别人，我不会借此欺凌和恐吓别人。我会平等对待每一个人，无论他们的财富和地位如何。

那些年的经历也是我在生活中追求成功的强大动力。我一开始根本没有太多可用的资源。有些人总能很快获得所需的资源。这反而会损害他们在人生中应对挑战的能力。

我父亲曾离家 6 个月（他当时已经和我母亲离婚，母亲离婚后回到了埃及），虽然他后来迷途知返，但我对人生道路的想法并没有改变：我决定离家出走，自食其力。我知道，坐在家里是无法创造未来的。1973 年，我只身前往美国。美国能给我提供真正的机会，虽然当时我并不知道要在美国什么地方落脚。

后来我到了佛罗里达州坦帕市。这里的冬天气候温暖，不像蒙特利尔那样冷。在读了《思考致富》之后，我相信自己能以某种方式自食其力。

来到坦帕之后，我开始四处走走看看。当时，我养成了一种习惯，就是和每个碰面的人聊天，虽然我还没有把注意力放在如何取得成功上。那时候，坦帕很难称得上是一座国际化都市。对无家可归者来说，在这里生存特别困难。毒贩、皮条客和精神病患者穿梭在街头和十字路口。我一开始只能睡在天桥下面。

幸运的是，我看起来比较老成，甚至被误认为是成年人。我学会了前往加油站洗手间洗漱。之后的几年，我从事过一些简单的工作，例如在汽车旅馆帮工、上门推销产品等。得知一款 1968 年产的二手凯迪拉克要出售，我干了 3 个星期的快餐厨师，挣到了 300 美元的车款。

这辆没装空调的二手车成了我的家，为我思考和制订计划提供了相对安全的空间。夏天，车里非常难熬，尤其到了夜晚，为了躲避成群的蚊子，我必须把车窗摇上去，这意味着，我睡觉时的车内温度可能接近50℃。

那几年里，我逐渐制定出一个清晰、庞大的目标：**创造巨额财富**。我知道，这个目标无法通过为他人打工来实现。因此，自己做老板绝对有必要。《思考致富》指出，如果一开始制定的目标很小，然后一直待在舒适圈内，我们不太可能设计出真正伟大的愿景，更别说登上人生巅峰。

要想获得非凡的成就，必须创办自己的公司。无论完成任务有多困难、需要花费多长时间，我将创办自己的第一家公司，着手打造自己的王国。

持续的灵感

我本可以细细讲述我在坦帕前几年所经历的艰辛。但是，寻求非凡人生的人没有这种习惯。你要想踏上成功之路，就不应该养成这种习惯。我总是以未来为导向，从书中或人身上寻找灵感。

这并不是说我会遗忘或忽略那些在我一无所有时帮助过我的人。比如说，我曾短暂供职于格伦·特纳的公司（下一节会提到这段经历）。其间，厄尔·法里斯给予了我充分的信任。法里斯通过抵押自己的房产为我提供了投资资金，而且每天会带我到皮卡迪利餐厅吃饭。他后来不幸破产了，但我肯定会为他养老送终。

SUCCESS

摒弃怀疑的心态，但不要抛弃那些曾经帮助你、信任你的人。

我经常会提及曾给予我灵感的人，无论他们属于正面还是反面典型。一个人如果有强大的影响力，那他身上肯定有值得学习的策略。我也会从一些沉甸甸的文字中汲取灵感。比如说，我在《思考致富》上第一次看到下面这首诗，我读了好多次才完全理解它的深意。这首诗是杰西·里滕豪斯写的，表达了希尔所谓的“普遍真理”：

我和生命讨价还价，
生命却已不再加酬。
无论夜里如何乞求，
薄财依旧。

生命是一公正雇主，
任何所求都愿给付。
然而一旦酬劳讲定，
汝之劳役汝需担负。

向来辛劳只为薄薪，
悚然恍悟，早知如此，
要求生命定出高价，
生命原来皆愿允诺。

我们常常把自己的“酬劳”定得太低，导致眼界太狭窄。从今天起，请重新思考你要向生命索取哪些东西。像我一样，不要对自己的成就施加任何限制。

SUCCESS **看到能激励你创造美好未来的字句，要始终记在心头。**

不怕失去

当初，我既没有钱，也没有前途，但坚信能完成我决心要做的任何事。我愿意接受所有能帮助我实现目标的原则和思想。

在浪迹坦帕街头的那段日子，我学到了重要一课：

对失去的恐惧，会掐灭大多数人的求富欲望。

这种恐惧曾无数次让我筋疲力尽。但是，在应邀参加格伦·特纳组织的一场研讨会（当时我年仅 15 岁）之后，我归纳出了上述经验。特纳是一位非常善于激励人心的演讲家。他曾因从事传销而入狱6年。无论他出于何种目的从事传销，我可以肯定，他知道如何一次性对成千上万的人施加影响，如何一次性筹集 2 亿多美元的资金。

他在演讲中展示了一张图表。这张图表诠释了一条基本真理——恐惧导致大多数人无法取得伟大成就。大多数人的起点其实差不多。他们可能在 18 岁拥有了人生第一辆车，21 岁买了第一套公寓，23 岁结婚，后面再买房，再买车，生儿育女，操心子女的教育。他们朝九晚五，回到家看电视、吃晚餐、上床睡觉。日复一日，天天如此。周末和年假是他们生活的盼头。生活一成不变，退休时也鲜有积蓄，最后就这样告别人世。

特纳有意画了一幅风格暗淡的画。透过这幅画，我掌握了一条基本真理：人们普遍害怕失去。大多数人不会考虑放弃自己的工作，即使放弃工作能让他们获得更大的成功。他们害怕失去收入，害怕没有能力支付抵押贷款、供养家人。因为害怕失去自己仅有的东西，情愿一直陷在生活的怪圈中。他们从不会对自己的人生提出质疑。

特纳组织的这场研讨会，让我更深刻地了解了人类对失去的恐惧。研讨会期间，我起身发表了演讲。这是我第一次发表公开演讲。我的演讲令与会者大受鼓舞。有几位与会者甚至聚集到我身边，表示希望成为我组建的团队或公司的一分子。这导致我被踢出了研讨会，迫使我回到了熟悉的街头。尽管如此，我还是有所心得——我要继续让求富欲望战胜我对失去的恐惧。

能激励乃至启发他人，显然是我的一项优点。我在研讨会上确切证实了这一点。该项能力比加入任何人的公司（无论起薪有多高）更重要。我最终取得的成就，靠的是我在坦帕街头锻炼出的技能。

SUCCESS **让求富的欲望战胜你对失去的恐惧。**

赚到第一桶金的秘诀

12 岁离家之后，我尝试过很多种生意。它们大多失败了，但我没有停止学习和奋斗的脚步。我一次次通过“头脑风暴”想出赚钱的点子，然后把这些点子付诸实践。如果失败了，我就再去想。17 岁那年圣诞节前后的某一天，伫立在一家泽雷连锁店（泽雷当时有 400 家折扣连锁店）门前的时候，我意识到我有机会赚到我人生第一笔百万美金。

在这家店正门外，一名男子正在出售玻璃天鹅。我下意识地走过去（我至今仍有这种习惯），开始和男子谈论他的生意。通过谈话，我得知，他租了这家店门前的一个角落，租期为当年冬天。得益于那里的人流量，玻璃天鹅卖得很好。由此我想到，如果能找到某种全年可以售卖的东西（而非季节性产品），我可能大赚特赚。

Zayre

后面的几天里，我到处寻找店里的雇员，向他们了解哪些顾客会询问泽雷连锁店不卖的东西。他们告诉我，有些顾客想配多把钥匙，但泽雷连锁店不提供这种服务。我迅速意识到，可以针对这种需求打造一桩新的生意。

SUCCESS **发现需求，然后满足需求。**

在做这桩生意过程中，我逐渐认识到，要想获得成功，必须寻找合法的需求，然后满足此类需求。对我而言，寻找此类需求的唯一方法是和尽量多的人交谈，关注哪些东西存在短缺，哪些东西人们需要，哪些东西人们非常需要。

我当时没有钱，不知道怎么配钥匙，也无法通过接触这家店的管理人员来获得门前的黄金位置。尽管存在这些不利因素，我仍然决心开设自己的第一家钥匙铺。

我东拼西凑借了50美元，买了一套二手配匙机。在垃圾场找到一张旧书桌，在某家餐厅发现了一台被弃置的收银机。经人介绍，我认识了一位卖钥匙坯的人。我对他说，如果他能向我传授配钥匙所需的所有技巧，我会从他那里买很多钥匙坯。他答应了。

我向他描述了一个**愿景**：我未来会开很多家钥匙铺，而他的生意规模也将因此得到扩张。

构建切实的、可信的愿景是我的能力。凭借这项能力，我在后来的诸多生意中取得了成功。你需要让参与生意的每个人成为愿景的一部分，而不只是被动的贡献者。“我绝不会忘记你”这句话说起来容易做起来难。但是，我在生意中总能记住那些一直信任我的人。我的这一优秀品质人所共知。加入愿景中的人（无论他们的实际工作或职位是什么）绝不只是我实现目标的工具。

要想打造非凡人生，必须与信任你的人携手同行，而不是踩着他们上位。

后来我见到了店长。他一开始拒绝我的任何提议。但是，在我的坚持下，他同意将门前某一块区域租给我，租金为钥匙铺总营业额的 20%。钥匙铺开张后，仅第一周就赚到了 600 多美元。我随即雇了个人。之后的一年里，我沿着各家泽雷连锁店开了数百个钥匙铺。

我发现了需求，而且满足了需求。在强烈欲望的驱使下，我制订了清晰的计划，年仅 17 岁就赚到了 100 多万美元。

无法把握机会的人很难获得动力。成功总是伴随着风险。要想抓住机会，必须付出时间、金钱和努力。分析机会时，应该深思熟虑，但不要让胆怯挡住脚步。如果付出艰辛努力才打造出必须为之承担风险的东西，你自然而然会非常重视这些东西。但是，如果你不把它们利用起来，它们再好又有什么用？只有愿意付出时间、金钱和努力，才能看到机会。自信可以让你有勇气面对风险，并在机会出现时采取行动。世界上没有任何人会把成功强加在你身上。只有积极寻找它，才能得到它。

——《思考致富》

— 沉思 —

我不会等待"完美"的机会，只会尽最大努力去做每一件事。

需要更多的关注

可惜，当时的我还是个菜鸟。在做生意的细节上，我还有很多东西要学。我并没能关注所有细节，包括签订长期租约之类的基本细节。

总营业额的 20% 已令泽雷管理人员觉得颇为可观。心生嫉妒的他们向我发出一份通知，要求我在 30 天内清空所有钥匙铺。其实在收到通知之前，我已经破产了。由于把所有钱花在扩大业务上，我再次陷入身无分文、无家可归的境地，重新过上了在车上睡觉的生活。

尽管如此，我绝不会放弃，因为我仍然有着获取巨额财富的强烈欲望。经营钥匙铺只是一种方法而已，获取财富还有其他方法——我只是要想出新的点子。

失败是一件幸事，因为它能让我们抛弃自满的心态，迫使我们做一些有用的事情。认真研究自己和偶像的人生，你一定会发现，最好的机会常常出现在你身处逆境的时候。

只有在面临失败的可能性时，我们才会愿意做出根本性改变，承担取得伟大成就所需承担的风险。如果经历暂时的失败而且知道这种失败是暂时的，你就可以利用逆境所带来的机会。

——《思考致富》

— 沉思 —

即使最惨痛的失败在我看来也只是暂时的。我不会屈服于任何恐惧心理。

第三章

可以破产，但不可以崩溃

我意识到，要想更快提升自己的实力，就需要利用他人的钱财，尤其在自己没有钱的时候。

经商的这条基本宗旨，帮助我在后面几年取得了超乎寻常的成就。

要想更快提升自己的实力，就需要利用他人的钱财。

利用他人钱财这种策略并非损人利己，只要你像我一样将他人的信任牢记心中。无论生意中发生什么，我都秉承一条原则：首先确保投资人获得回报，即使这样做会让我遭受不利影响。如果成立一家小公司，首先应确保自己获得回报——许多书都给出了这种建议。但是，要想获得巨额财富，就需要利用他人的钱财，甚至利用他人的名声。这时候你就要想想，到底应该把谁放在优先位置。

利用他人的钱财，必须承担责任，舍己从人。

获得投资人

再次破产后，我迅速寻找下一桩生意（这是一个根深蒂固的习惯，它总能让我抓住机会，即使我正忙于处理手头项目或日常遇到的种种困难）。有一天，我再次行走在坦帕街头，止步于一家汽车修理厂，和厂主进行了交谈。厂主当时正好在敞开式车库里。谈话期间，一位客户走了进来，引起了我的注意。客户当时有几辆车在厂里维修。与客户交谈之后，我得知他从拍卖会上买了一些车，付钱让修理厂修好它们，然后把修好的车转卖给其他拍卖会。我认为，**这种事情我可以轻松搞定**。

我需要的只是找某个人花钱买车。在配钥匙的生意中，我学会了这一策略。经营钥匙铺的经历也确实给我带来了机会，我认识一位警官。警官在泽雷连锁店当保安，作为第三职业。他需要通过兼职供养家人。离开修理厂，我再次找到警官，提议说如果他愿意出钱，我将用他的钱买二手车，修好之后在拍卖会上出售，利润五五分成。其间，车的所有权归他，作为一种抵押（五五分成是我做生意的默认分成方式）。

SUCCESS **要始终相信自己，相信你所能完成的事。**

虽然头几辆车利润可观，但我知道，这些利润不足以帮助我实现财富方面的目标。因此，我采取了非常激进的做法，开始快速大量地购买二手车。可我并不知道，人们通常将来自佛罗里达州的二手车视为完全报废的车，这些车的价值远远低于我的预估。由于我在买车方面花了太多的钱，这桩新生意似乎不可避免地走向失败。这也再次证明了专注的重要性，在这桩生意中，我没能倾注足够的专注。

这段经历诠释了《思考致富》提出的一项原则：逆境、失败和令人心痛的事件所蕴藏的好处，不亚于它们所带来的坏处。时年 21 岁的我没有选择放弃。

> 如果决心不让他人决定你的未来，如果拒绝让暂时的挫折击败你，你注定会取得伟大成就。总会有机会等待着你。如果你当前面临无法克服的逆境，记住，这些逆境在以后的日子里会对你有用，因为它们所带来的正面影响不亚于它们所造成的负面影响。
>
> ——《思考致富》

— 沉思 —

通过追寻“谁能从中获益”这一问题的答案，我能将“拒绝”转化成“肯定”，进而实现交易的双赢。

“换挡”

当时，我只剩下最后一辆车，一辆修好但在拍卖会上没卖出去的卡车。竞投结束后，我发现有个男人在反复打量这辆车。于是，我来到他身边，向他兜售。他其实无意买车，但在长时间交谈之后，他提到有意购买面包车的“外壳”。鉴于政府发布新规定，要求提升车辆的燃油效率，制造商开始更多生产小型车，削减卡车的销量。这增加了面包车的市场需求。与此同时，定制款面包车的风靡也增加了市场供应的压力。

面包车外壳意味着一个新的机会，一项需要满足的需求。

如果走在错误的方向上，就要随时准备转变方向。

随时准备转变方向并不意味着要放弃你的目标，而是要求你保持灵活性，调整实现目标的策略。我一开始的想法是买二手车，修好它然后卖出，但后来迅速决定投身定制面包车行业。

鉴于面包车供不应求，作为我的新合作伙伴的这个男人承诺买下我找到的所有面包车外壳，加装之后重新出售。每天浪迹街头和首次公开演讲的经历，锻炼了我激励和启发他人的能力。我对自己的这项能力有着充分的自信。因此，我告诉这位买主，我会找到他需要的所有面包车外壳。

讲话时要始终流露出自信。言行举止有自信，才能吸引他人。

信心小议

很多人曾问我如何获得信心。实际上，问出这个问题就已经本末倒置：即使一开始缺乏信心，你也要让自己看起来充满信心。如果你提出计划时流露出自信，人们就会相信你、信任你。“假装你能做到，直到你真正做到”，这虽然是老生常谈，却也是一种真理。

我处理生活中的任何事都带着充分的自信，即使我当时并不知道如何做好那件事。我知道我能搞定任何事。人们喜欢与自信（而非自大）的人打交道——他们会假定你是对的。

信念和机会

如何才能找到面包车外壳（尤其在供不应求的行情下），我毫无头绪。更糟糕的是，我没有购买面包车外壳的前期资金。但我相信能搞定。于是，出门寻找货源，通过电话向经销商挨个打听。最后，发现佛罗里达狭长地带的一家经销商有 12 辆面包车。我向这家经销商承诺，不久之后会把这些车都买下来（从坦帕开车到佛罗里达狭长地带至少要 6~7 小时）。

我在周六打了个电话，和买主商定在下周二拍卖会上见面。届时，必须向他说明我将如何利用 15 万美元购买面包车，同时要防备陌生人在拍卖会上向我购买面包车。

我知道，如果我在经销商面前流露出有钱买面包车的自信，他就会相信我。实际情况也是如此：当我抵达拍卖会现场时，经销商显得非常兴奋，爽快收下了 15 万美元的支票。

我知道，经销商将在周二前往银行兑现那张支票。如果买主不守承诺，我将会因为尝试使用空头支票而锒铛入狱。

SUCCESS **要想取得成功，就需要承担必要的风险。**

经销商收下支票后，我随即去了几家 7-11 便利店，在店门前找了 12 个衣衫褴褛的小伙子，给他们每人 10 美元，要他们把面包车开回坦帕（我家当时仍在坦帕）。周一早上，我打电话给银行，问银行经理在周二必须退还支票之前，他最晚可以将支票持有到什么时候。他回答说下午 2 点。周二早上，我又雇了 12 名男子，让他们尽快把面包车开到奥兰多拍卖会现场。

好在买主兑现了承诺。他给了我用于买面包车外壳的支票，还另外付给我每辆车 600 美元的利润。当时，我知道没办法把那 12 名男子运回坦帕，更不用说自己了。于是信心十足地告诉买主，我要回到坦帕把他的定制面包车卖出去。于是，他把车钥匙交给了我。

我拉着那 12 名男子，飞快赶往银行。抵达银行的时间距离截止时间只有 5 分钟。令我沮丧的是，银行经理声称他不能用支票兑现支票，只能把我之前写的那张支票还给我。

这一次，我又凭着信心和毅力，和银行经理进行了长达一小时的谈话。一开始，我们是面对面站着，后来坐在一起谈话。谈话的过程很艰苦。他最终同意兑现支票。

过分谨慎和鲁莽行事的坏处一样大。如果希望他人对你有信心，你的行事作风必须能激发信任。相比不经过深思熟虑鲁莽地尝试新想法，过分谨慎、拒绝尝试任何新事物同样会严重损害信誉。在大多数人眼里，任何极端行为都是缺乏判断力的表现。不要成为“分析瘫痪”的牺牲品。要学会从意见中提炼事实，并确保决定及后续的行动以可靠的信息为基础。然后，大胆行动吧！

——《思考致富》

—— 沉思 ——

我要找出最可靠的信息。为此，我要建立可靠的人脉关系，以便了解对我实现任何目标有影响的问题。

《思考致富》指出，每一次微小成功都能帮助你积累信心，使你越来越相信自己的能力。在为实现自身目标开展工作期间，每一次成功说服他人都让我愈发相信自己能实现目标。

离开银行，我开着买主的定制面包车来到之前接触的第一家经销店。这家经销店正好在银行隔壁。向店长兜售车时，我发现店里的一位客户对车很感兴趣。他绕着车走来走去，细细察看。

店长也发现了这一点。于是，他中止了谈话，买下了这辆车。这又让我赚了 600 美元。但是，我暗中观察发现，店主通过这辆车获得的利润高达 6000 美元。我随即意识到，真正能赚大钱的是面包车的零售生意。

20世纪80年代生产的福特定制面包车

谁将获益

以上经历使我明白了一个道理：要想获得某样东西，就要让某个人在你身上投资，或者让某个客户或卖家支持你。你需要牢记哪些人能从你的成功中获益。当你提出一个想法时，你不是在出售你想要的某种东西，而是在出售其他某个人将获得的、会让这个人的决策变得更加容易的某种东西。记住这一点，就可能得到肯定答复。

我还明白了另一个道理：在打造一桩交易时，必须确保参与交易的所有人都获益。即使只有一个人在谈判或交易中蒙受损失，这桩交易也是一桩坏交易，通常也不会有什么结果。

好交易=所有人都获益

接下来 4 个月，我先购买面包车外壳，把它们出售给买主——

那位定制面包车制造商，然后再向经销商出售定制面包车。在此期间，我苦思冥想，试图弄明白一个问题：如果我拥有一家汽车经销店，谁能从中获益？我突然悟到，获益更多的将会是面包车制造商，因为卖车渠道是他们的经销店，而非各地的拍卖会或者其他经销店。

我决定接触某家面包车制造商，向他宣称，如果他向我提供100万美元左右的资金帮我开设面包车经销店并保证货源，其利润将大幅增加。我设计的交易采用上文提到过的分成方式（五五分成），后来成为我的标准交易模式——他人投钱，我来负责所有的事情。

我驱车前往这家制造商的所在地——佐治亚州哈特韦尔。达成这桩交易并不容易，但我最终说服厂主向我提供100万美元的资金和100辆面包车，帮我开设首家经销店。我并不只是在打造一桩有利可图的交易，我要获得更大成功。短短两年，我陆续开了6家经销店、1家保险公司，并开始投资房地产。到23岁，我积累了5000多万美元的净资产。

学习如何与他人谈判是最重要的一件事。擅长谈判的人能让谈判顺畅进行，使双方的讨论看起来根本不像谈判。谈判期间，咬着雪茄的对手会敲击桌面，强调自身的需求，但如果谈判各方都能设身处地，为他方着想，并达成对每个人都有利的协议，谈判就取得了最好的结果。积极应对谈判场景，并在心中树立清晰的目标，成功概率将大大提升。你还需要随时洞悉谈判对手的动机、提前深入了解谈判的主题。这同样有助于谈判取得成功。最后，要用开放的心态探讨每一个主题，不要只是粗暴地迫使谈判对手接受你的提议或观点。

——《思考致富》

— 沉思 —

我会让别人说话，而不只是把自己的想法灌输给他们。我之所以能保证谈判朝着积极的方向发展，靠的是他人常常缺乏的一样东西——坚韧不拔。

第四章

与卡舒吉共事：失与得

24岁时，我身家千万，成为坦帕最有钱的人。

当时，确信自己已经具备成功人士的所有标志。比如说，买了一处房产，在里面布置了各种鸟舍和其他体现文化修养的物品。这处房产的前身是希尔斯堡河沿岸的一座植物园。开的车是德·托马索，当时的一款稀有跑车。在佛罗里达州住了十多年，有过远超上文所述的冒险经历。我实现了获得巨额财富、取得非凡成就的目标。

调整愿景，拒绝自满

我邀请一些熟人一起参加了电视节目《富人和名流的生活》一小时特别版的晚间首映式。

这档节目的主角是当时的世界首富阿德南·卡舒吉。节目中展示了他的35套住宅、喷气飞机、直升机、游艇乃至他整个生活方式，将这种奢华的生活方式描述为“钱所能打造的终极生活方式”。真正激发我想象力的是主持人罗宾·利奇对卡舒吉的描述——“没有国家的国家元首”，意思是卡舒吉不仅完成了累计数十亿美元的交易，而且获得了全球政界领导人的尊重。

阿德南·卡舒吉

有形的物品确实能带给人强烈的冲击，但我关注的却是卡舒吉与世界各国领导人并肩而坐的场景。卡舒吉的影响力、权力和生活正是我从第一次阅读《思考致富》时开始设计的个人发展轨迹。我发现我其实并未达到 12 岁离家之后我为自己设定的终极目标。我要寻求的不是相对成功，而是非凡成就乃至非凡人生。

节目结束后，我意识到，我希望自己活得像卡舒吉那样，至少能像他那样成功。做到这一点的唯一方法是直接跟在他后面学习。于是，我转过头对我邀请的那些熟人说：“有朝一日，我将和阿德南·卡舒吉一起工作。”在短暂静默之后，其中几人发出轻笑声，之后，所有人不约而同否决了我的想法。他们直截了当表示，我根本没有机会同卡舒吉一起工作。

《华盛顿邮报》封面，标题为
“阿德南·卡舒吉：探索一位沙特亿万富翁的梦幻世界”

《思考致富》指出，你必须让自己与负面影响绝缘，无论它来自朋友还是敌人。只有这样，才能不断前行。我没有和客人争吵，也没有生气。我把他们的批评转化成新的强烈欲望。

在当时，如何获得与卡舒吉一起工作的机会是我遇到过的最大挑战。我决定当天晚上再次读一读《思考致富》，对我在整个生活中自发运用的那些原则进行更新。当时的我已经偏离正轨，因为我过于自满，过分沉醉于以往的成就。在了解卡舒吉的成就后，我意识到，我需要对自己的生活进行全面调整。

烧掉我所有的船只

《思考致富》描述了一位战将的战斗策略。受此启发，我告诫自己要永不放弃，要把自己放在除了成功别无选择的位置上。

> 很久以前，一位大将所面临的情势迫使他做出必胜的抉择。当时他率领士兵对抗强敌，对方人数远超过他们。他命令士兵上船，驶向敌国，卸下士兵和装备后，立刻下令烧毁装载船只。首战之前，他对士兵说：“你们都看到了，船已付之一炬，除非我们胜利，否则谁也无法活着离开。现在，我们别无选择：非胜即亡！”

我决定采取同样的策略：必须烧掉我的船只。后面几周，我把所有的东西低价售出，身家跌至原来的十分之一。只有这样，我才可以轻装上阵，去寻找卡舒吉，跟在他后面学习。对贫困的恐惧无法支配我，就像那次节目之后对批评的恐惧无法支配我一样。

除了获得成功，我还想打造非凡人生。因此，我必须调整方向，勇毅前行。

优柔寡断比错误决定损失更大。

解读塔罗牌

我查阅了我在全球范围内的所有联系人，然后查阅了这些联系人的联系人（我目前有 7000 多个联系人，其中大多数可以通过电话直接联系），试图从中找出认识卡舒吉且能把我引介给他的人。尝试了整整一年，我锁定了一位专业“灵媒”。他以解读塔罗牌为生，是卡舒吉的司机介绍给卡舒吉的。我请灵媒把我介绍给卡舒吉的司机，付他 1 万美元，嘱咐他下次帮卡舒吉解读塔罗牌的时候声称自己“看到”一个叫拉米的男子（也就是我）在未来某一天将出现在卡舒吉身边。

之后，我请求卡舒吉的司机把我介绍给卡舒吉身边的员工和其他人，包括律师，甚至按摩师。我花了 6 个月构建人脉，以确保我的名字能引起卡舒吉的注意。

你可能想知道我有没有“策反”这些人，让他们变成“双面间谍”，“背叛”卡舒吉。其实我根本没那么做。我之所以能取信于这些人，一部分是因为他们真正相信我的工作最终能让卡舒吉最大限度受益，真正相信我是站在卡舒吉这一边的。如果我在这一点上表现得缺乏自信、缺乏说服力，我所构建的人脉将分崩离析。我会保护他们的身份和秘密，他们对我同样如此。

SUCCESS **获取信任的方法是令他人受益匪浅。**

暗中布局

我不遗余力地追逐卡舒吉近两年，最终取得了成功。他当时去了纽约（纽约奥林匹克塔最上面两层归他所有），邀请我喝茶。我早到了两小时。等候期间，我来到附近的圣帕特里克大教堂，坐在台阶上思考如何接触这位世界首富，如何说服他，使他允许我在他身边工作。

耐心和机会

我在脑海中再次翻阅《思考致富》，回想起希尔讲到的一则关于埃德温·巴恩斯的故事。巴恩斯曾希望成为托马斯·爱迪生的商业伙伴。为了达到目的，他跳上爱迪生乘坐的火车，向爱迪生介绍自己，并告诉爱迪生自己将和他一起工作。爱迪生从巴恩斯身上看到了某些东西（坚定的目标），决定让巴恩斯和自己一起工作。

通过耐心等待，巴恩斯获得了适合的机会。爱迪生发明口述记录机之后，巴恩斯勇敢接受挑战，成功售出，为爱迪生赚到了数百万美元。我想，如果上述策略对巴恩斯有用，那对我也有用。

> 成功的人是那些有决心的人。机会来临，他们会仔细对机会进行评估，然后做出决定，并采取适当的行动。他们知道，优柔寡断所浪费的时间可以用来执行任务，创造丰硕成果。
>
> ——《思考致富》

— 沉思 —

我不会随便采取行动，但也不会纠结于是否采取行动。《思考致富》告诉我们，优柔寡断本身就是一种行动，一种浪费时间和资源的行动。

我在约好的时间走出电梯，进了卡舒吉的套房。这个奢华的场所一度令我目眩神驰，其宫殿般的内饰甚至难以用言语描述。我瞬间调整了自己看待生活和巨额财富的方式。这些财富不再只是抽象的概念，而是实实在在的东西。如果一个白手起家的人能取得这样的成就，那我没理由做不到。

大约 15 分钟后，卡舒吉（当时，我内心已经开始直呼他的名字——“阿德南”）走下螺旋式楼梯，停下来看了看我，然后说道：“啊，拉米！”世界首富居然知道我的名字！他问我喝什么，我紧张地回答道：“可乐。”于是，他往玻璃杯里倒了些可乐。

我们来到他诸多卧室中的某一间。短暂闲聊之后，他问我目前在干什么，未来想做什么。我知道，这是我践行“巴恩斯原则”的机会。我告诉卡舒吉，我不仅会和他一起工作，而且将会是他最好的工作伙伴。我特意强调我是“和”他一起工作，而不是“为”他工作。

SUCCESS **与他人一起工作，而非为他人工作。**

卡舒吉听完哈哈大笑。意识到我并不是在开玩笑，他收起了笑容。他否决了我的整个想法，强调称我应该几年之后再过来。这时候很多人肯定会选择放弃，但我并没有。我向他提出，一周之后，我将向他呈现一桩交易，证明我值得他的眷顾。他接受了我的提议。在我看来，他之所以接受我的提议，纯粹是出于礼貌，但这不重要。关键在于他接受了。

你要是信任自己，就会制定出积极的行动方案。如果你能始终不折不扣执行这种方案，它就能带你走向成功。如果相信自己的想法和能力，并相信宇宙的无尽智慧，你的思想和行为将最终带领你走向成功。你不可能失败。

——《思考致富》

— **沉思** —

我总是相信自己。这是成功者的关键特征。

让我们做个交易

我回到了坦帕。至于我能给阿德南带回什么，毫无头绪。需要迅速开展一些具有专业性和现实意义的研究工作（当时还没有互联网）。按我一直以来的习惯，从离开阿德南那一刻起，我就开始做笔记，进行头脑风暴。当飞机在坦帕落地时，我想到，可以前往经纪行，通读一下标准普尔手册。后来我也是这样做的。我对手册上的公司逐家筛查，最后发现有家公司的估值似乎严重偏低。

我飞回纽约，怀着激动的心情准备向我极端崇拜的那个男人展示一桩非常棒的交易。但令我沮丧的是，当我抵达他的住所，接待我的是某位助手。助手对我展示的内容并不关心。我要求面见阿德南，助手温和地回复称阿德南很忙。

我没有再说话，站起身开始在套房内寻找阿德南的踪迹。后来我看到，他静静地坐在某个房间里。落座之后，我对他说，我理解自己为什么遭受冷遇，因为肯定有无数人曾向他提出形形色色的交易。我知道我只有 27 岁，但我会是他合作过的最棒伙伴。

阿德南再次表示自己很忙，我应该几年以后再过来。我当时已将《思考致富》的原则内化，萌生了强烈欲望。坐在我身旁的阿德南给我树立了非凡人生的榜样。我知道，未来的道路上肯定会有阿德南的身影。

此时，我没有退路——我已经破釜沉舟。

如果朝着一个目标积极努力，你就不会失败，只是成功的程度有所区别。做人要积极主动。当你面临某个问题或艰难决定时，不要浪费大量时间去纠结解决方案。如果对情况进行客观分析，你总能找到答案。不要关注问题本身，要关注解决方案。确定解决方案之后，采取行动。

——《思考致富》

— 沉思 —

我不再把各种场景视为展现“问题”的过程，而是选择不断拟定潜在的解决方案。我一开始并不会担心这些解决方案的实用性。我已经学会相信自己的创造能力。

规划与操作

为实现与阿德南一起工作这个目标，需要利用我已经获得的东西。为此，我会经常盘点手头的资产，尤其是人力资本。有些人并不能计算出自己真正拥有的资产，在发现自己的人脉或性格存在缺陷时也无法立即予以弥补。我遇到过太多这样的人。我们应该扪心自问“我拥有的哪些东西可以供我进行战略性部署”，而不是“我缺少什么”。

在人生的每个阶段，我曾缺少各种各样的东西。但是，我牢记《思考致富》的主旨，没有花大把时间去担心自己缺少什么。军事领袖经常提醒士兵，必须利用我们当前实际拥有的资源去战斗。

经常盘点你的真实资产，即使强烈欲望是你唯一的资产。

我之前和阿德南的联系人建立了牢固关系。我找了和阿德南特别亲近的 4 个人，每月给各人 1 万美元，让他们随时向我透露阿德南的行踪。我向他们承诺，绝不会辜负他们的信任。我至今仍然恪守着这个承诺。（在此，我想重申之前说过的话：如果鼓励他人背叛，我不会成功。我成功的基础是他人意识到我是值得信赖的伙伴。具体到这件事上，就是那 4 个人把我视为阿德南值得信赖的伙伴。我不能保证其他人不会辜负我的信任，但我会一直维护自己恪守承诺的名声。如果希望打造高品质的企业和个人生活，你也应该这样做。）

得知阿德南离开纽约后的下一站是巴黎。于是，我出发前往巴黎的布里斯托酒店。下机之后，我径直前往酒店，找到酒店总经理，并自信地告诉他我是给阿德南打前站的，负责确保他预订的所有房间都已安排妥当，并帮他办理入住。

总经理随即向我保证所有房间都已安排妥当，并邀请我在阿德南到达之前去休闲一下。

几小时后，阿德南慢悠悠走进酒店大堂。看到我，他一下子愣住了。我平静如常走到他跟前，告诉他我按他的意思把所有事情安排妥当。他一言不发，跟着男服务生去了自己的房间。

完成一件大事常常需要花费几年的时间。但是，知识本身并不是力量。知识只有运用在积极的行动上才能成为力量。如果反复研究成功人士，你会发现，他们对行动有偏好。他们会收集适当的事实材料，将这些材料与自己的知识联系起来，制订实施计划，然后采取行动。当你犹豫不决时，提早行动远远好于过晚行动。

——《思考致富》

— **沉思** —

人们并没有因为我迅速果断的行事作风而
把我视为鲁莽之辈，反而认为我是个办事能手。

发挥作用又不冒犯他人

下一站是伦敦。和之前一样，我飞往伦敦，来到阿德南下榻的酒店，安排好各项入住事宜。我周而复始地开展此类工作，确保他有任何需求时我总能供他驱使。他开始习惯于看到我。与此同时，我不断想方设法，让自己发挥作用又不冒犯他人。

无论他下榻哪家酒店，我都会租下一间次优级套房，把自己放在与他平等的位置上，而不是把自己当成他的雇员。一年半之后，我花光了所有积蓄，自己的美国运通信用卡还透支了 8.5 万美元。

对他人而言，这种情况看上去可能非常糟糕，但我却把它看成一个机遇。一天，我对阿德南说："让我处理一单生意吧。如果我做得比您预期的要好，我以后将和您共事。如果我的表现低于您的预期，我会离开，您再也不用看到我了。"他想了一会儿，意识到我在他身边出现了很久，一直以来颇为辛劳。于是，决定给我一次机会。

阿德南的转变：从"拒绝"到"肯定"

他大致描绘了他想构建的一笔交易。我接受了挑战。在他身边的这些时间并没有被荒废，我一直在近距离观察他，向他学习。我为完成这笔交易做好了非常充分的准备。

最终达成的交易远高于他要求的水平。凭借这笔交易，我给他留下很好的印象。从那时起，我一直在他身边，帮他在全球各地构建一桩桩生意。我们的经历和成就可以写成十几本书，但我的真实感受是，在通往非凡人生的道路上，要想实现非凡目标，就要做到永不言弃。

如果能继续坚持或者付出更多努力，大多数失败都可以转化为成功。如果拥有取得成功的潜力，逆境和暂时的失败只会帮助你为取得伟大成就做好准备。没有逆境，你永远不会具备可靠、忠诚、谦虚、毅力等品质，而这些品质是持续取得成功所不可或缺的。许多人在逃脱濒临失败的险境之后取得了伟大的成就，因为他们不会允许自己失败。当“逃生路线”完全关闭后，你会惊奇地发现自己能迅速找到成功的路径。

——《思考致富》

— 沉思 —

在我决定关闭可能的“逃生路线”之后，习惯思维立刻转变。我再也没有考虑“逃生路线”。

第五章

重新定位与再找平衡

与阿德南共事7年，除了学会如何构建复杂的交易，我还学到了更多东西。

我对世界和人的了解更加清晰，对各类政经文化的了解更加透彻。无论面临何种情况，无论所处的境地对我意味着什么，我总能很好适应环境，在世界舞台上不断前行。最重要的是，我的思维上升到全新的高度。

我对阿德南一直很崇拜。随着他的过世，关于他的生活和商业活动，各种传闻和观点甚嚣尘上，既有负面的，也有正面的。我只能说，我从来没有怀疑过他的操守和处事的得体。人死如灯灭，每个人都无法控制自己身后的评价。但迄今为止，阿德南仍然对我的日常生活有启发。

思考重要的东西

在见到阿德南之前，虽然我已是百万富翁，但十亿美元乃至几十亿美元对我来说最多算一个模糊的概念。与阿德南和其他众多亿万富翁共事之后，这种巨额财富成了我的日常思维方式，一种现实，一种我知道我可以获得的东西。当时三十出头的我准备接下来采取重要行动。

医生之所以能成为医生，是因为他们致力于研究医学，阅读医学类期刊，照顾病人，追踪最新的医学进展。他们大部分时间只关注自己作为医生的角色，不一定会去思考创造巨额财富的商业机会。

从工程师，到律师，再到厨师，任何职业都是如此。你会成为你大部分时间所思考的角色。这也可以解释我为什么一直在思考如何创造财富。本书写到这里，一直试图证明一件事：欲望肯定会消耗你的想法，但起到的作用是激励性的，而非破坏性的。我总能发现眼前的机遇。你应该像我一样，始终保持这样的心态。

你永远无法超越支配内心的那些思想。如果变成了你最想成为的样子，你在人生中所取得的成功的数量和质量将与你的思想广度成正比。如果让琐碎的事情支配内心，你可能无法取得伟大成就。要约束自己，迫使自己思考重要的事情。要对自己所从事领域的动态以及世界正在发生的事情进行跟踪。列出你每一次寻找创新解决方案时都可以使用的好主意。记住，小人物总是在想事情，而大人物则总是在想主意。

——《思考致富》

— 沉思 —

我希望我的思想磅礴有力。因此，我常常对《思考致富》的内容进行反思。我不能让思想只关注一些小事情、小想法。

我们每个人都可能产生大主意，但真正把成功者和失败者区分开来的品质是，能否毫不犹豫地落实这些主意并抓住机会。成功者总是那些拒绝优柔寡断、果断采取行动的人。

每个人都会产生一个乃至多个大主意，但如果没能果断采取行动，这些主意将毫无作用。

需要再次提醒的是，优柔寡断比错误决定的损失更大。我宁愿做出许多错误决定，然后在必要时予以调整和纠正，也不愿意针对每个决策进行无休止的争论，直至机会从身边溜走。如果保持对非凡人生的强烈渴望，你会发现，你做出的正确决定远远多于错误决定。这些正确决定将推动你去实现任何值得实现的目标。

通过不断学习，我终于到达了可以离开卡舒吉（虽然被称为“卡舒吉的伙伴”是一种荣耀）自立门户的程度。我必须迈向下一阶段。

在多年的环球旅行之后，最终决定在洛杉矶安家。对我而言，洛杉矶拥有我为打造非凡人生而寻找的一切。从 12 岁到 33 岁，我从一个成功迈向另一个成功，一直处于精神高度集中的状态。我认为，我需要在工作和休闲之间重新建立平衡。

喷气飞机绝不仅仅只是喷气飞机

我对自己第一次登上卡舒吉飞机的场景记忆犹新。这是一架完全定制的 DC-9 私人飞机。在走上飞机那一刻，我想的是，总有一天我也要拥有这样的飞机。抵达洛杉矶后，我立刻找到了一架待售的 DC-9 飞机。在买下它的那一天，我站在它旁边，足足看了它一小时。

人们在看到 DC-9 飞机时会发出兴奋的喊叫声。以往不在其列的我这次也不能免俗。这架飞机不仅仅是出色的交通工具，还是我实现既定目标的标志。我绕着它看来看去，终于意识到我获得了自己计划得到的东西。

根据《思考致富》的理念，这架飞机验证了一句格言——“心想则事成”。这架飞机给我的朋友、商业伙伴和我自己带来了巨大的幸福感，但我绝不会忘乎所以。我要持续关注某些收购行动的战略性作用。

如果活动范围从城市扩大到州，或者从州扩大到国家甚至整个世界，你的生活方式必须准确体现你可促成的交易类型。人不会为了消费而消费，你可以在享受自身劳动果实的同时关注战略性需求和效率。我从不认为没有某样东西我就活不下去。在以后的日子里，当再次倾家荡产时，我不得不在损失部分乃至全部财产的情况下继续生存。

好莱坞名利场

1994年，身处洛杉矶的我开始在影视和商业两个领域一齐发力。当时，我成了花花公子大厦的常客、好莱坞的内幕人士。

当时的我气血方刚，非常享受富豪大亨的各类派对和奢华的娱乐活动。我如愿以偿成为花花公子大厦的常客。在那里，经常参加好莱坞一线明星的聚会。

知名演员总是会被索要东西的人纠缠。为了以更优雅的姿态进入好莱坞，我要确保在人们心目中我从不直接索取任何东西，而是一个乐善好施、喜欢举办活动或喜欢带着他人去拉斯维加斯和世界许多其他地方游玩的人。

PLAYBOY

May 15, 1998

Dear Ramy & Pierre,

Thanks for a spectacular two days in Vegas. All of us had a fine time.

I'll be sure to invite you to our next disco party at Playboy Mansion West.

A best,

Hef

Hugh M. Hefner

花花公子

1998年5月15日

亲爱的拉米、皮埃尔：

感谢你们这两天在拉斯维加斯的盛情款待。我们所有人都玩得很开心。

谨在此邀请你们参加下次在花花公子大厦西座举办的迪斯科舞会。

祝好！

休 · 海夫纳

与休・海夫纳及其私人医生马克・萨吉诺的合影

为打造一个重要的新人设，我会光临慈善拍卖会，以志在必得的高价获得拍卖品，然后通常再把拍卖品捐回去。这种行为使我名声大噪，以至于当某个拍卖品未能吸引竞拍者时，拍卖师会默认“拉米竞得”。

在演员柯尔斯蒂・艾利组织的某次慈善活动上与艾利合影

将“拒绝”转化成“肯定”

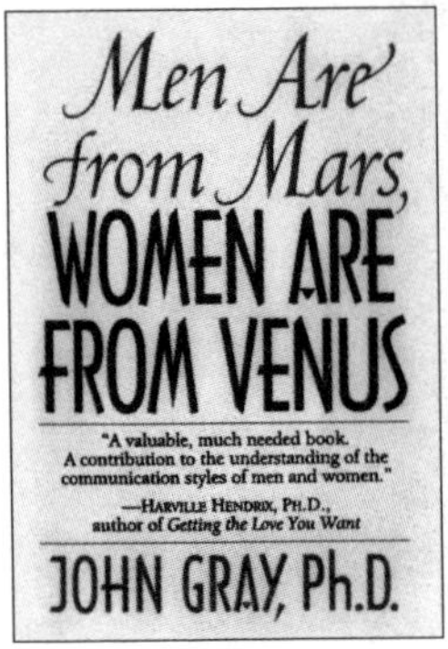

在与阿德南共事若干年之后，我偶然间读到了约翰·格雷的《男人来自火星，女人来自金星》，发现这本书能帮我更好了解女性，与女性沟通。读完之后，我兴致十足，决定买票观摩约翰的下一场研讨会。

约翰的天赋异禀和洞察力给我留下了非常深刻的印象。研讨会结束后，我走到他跟前，对他说我想作为他的代表，对他的著作和学说进行营销，为他创造多个收入来源。约翰礼貌而坚定地拒绝了我。他说，许多人都曾向他提出这类建议，其中一些人经验非常丰富，做得会远比我好，尤其考虑到我在书籍营销方面还是个新人。

我邀请约翰夫妇共进晚餐。等到上餐后甜点的时候，约翰已经被我说服，同意我作为他的代表。在此之前，他提到，一些实力强劲的知名营销机构争相代理他的著作。这次晚餐是我坚持追逐阿德南过程的“压缩版本”。除了坚持不懈的态度外，我还表现出自己真心相信约翰的作品能改变人们的生活。

我没有要求约翰修改或调整他的著作。我只是让自己出现在他的视野中，最终令他相信，无论发生什么，我都不会放弃。如此这般，他的态度从断然“拒绝”变成了欣然“肯定”。

从“拒绝”背后寻找“肯定”的可能性。

我发现，“拒绝”背后总是存在“肯定”的可能性。每当把“拒绝”转化成“肯定”的时候，我都会愈发相信自己能再次做到这一点，就像《思考致富》所说的那样——每一次小胜都会为获得大胜积累信心。对于《思考致富》所提出的原则，你检验的次数越多、看到它们发挥作用的次数越多，就越会相信它们每次都能发挥作用。

将“拒绝”转化成“肯定”并不是说要击败或者操纵某个人。《思考致富》将“智囊团”等同于“两人或多人之间为达成明确的目标，和谐一致”。当你证明你符合其他人的最大利益时，就会变得非常有说服力。

我对《思考致富》提出的每一条原则皆检验了40多年。它们从未让我失望。它们已然融入我的灵魂。

计上心头

为了对约翰的作品，以及我未来发掘的所有名人和产品进行营销，我创办了Genesis媒体集团，力求把它打造成一个10亿美元级别的公司。与此同时，我和阿德南仍保持着业务往来。后者是Genesis的重要投资人。

为帮助约翰取得更大成功，我要完成的第一个任务是将他的十几场研讨会制作成一系列视频，然后通过拍摄专题广告片来出售这些视频。仅这条广告片就创造了数亿美元的收入，使约翰的著作卖出了5000多万本。《男人来自火星，女人来自金星》成为畅销的精装书，雄居《纽约时报》畅销书排行榜榜首5年之久，是有史以来第二大畅销书，销量仅次于《圣经》。

约翰是一位富有远见的作家。我不仅帮他取得了更大成功，而且让他的思想有机会成为我们日常生活的一部分。如果某方面出现问题，我会通过调整营销活动消除问题，不会要求获取任何利润。约翰值得称赞的地方在于，当书籍销量不可避免地出现起伏的时候，他总能淡然处之并保持专注。在后来的日子里，他还会在我急需信任的时候给予我信任。

与约翰 · 格雷一起工作

随着约翰著作的营销活动成功结束，我又收获了一个利润可观的新业务。于是，我把公司更名为 GenesisIntermedia，并推动其上市。凭借公司营销的产品以及良好的营销技巧，GenesisIntermedia 有望成为市值数十亿美元的公司。我把它转变成了企业“孵化器”，通过它创办或收购其他公司，推动这些公司的发展，最后将这些公司拆分出去，使其成为独立的上市公司。

短短两年，公司股价飙升了 1000%。这给投资人带来了巨额回报。GenesisIntermedia 的市值最终达到了 10 亿美元。

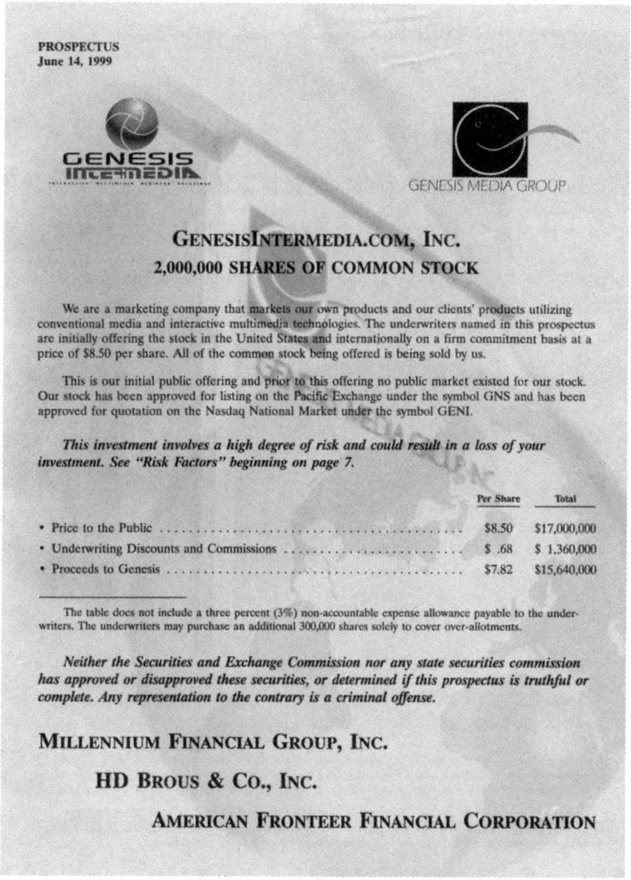

PROSPECTUS
June 14, 1999

GENESISINTERMEDIA.COM, INC.

2,000,000 SHARES OF COMMON STOCK

We are a marketing company that markets our own products and our clients' products utilizing conventional media and interactive multimedia technologies. The underwriters named in this prospectus are initially offering the stock in the United States and internationally on a firm commitment basis at a price of $8.50 per share. All of the common stock being offered is being sold by us.

This is our initial public offering and prior to this offering no public market existed for our stock. Our stock has been approved for listing on the Pacific Exchange under the symbol GNS and has been approved for quotation on the Nasdaq National Market under the symbol GENI.

This investment involves a high degree of risk and could result in a loss of your investment. See "Risk Factors" beginning on page 7.

	Per Share	Total
• Price to the Public	$8.50	$17,000,000
• Underwriting Discounts and Commissions	$ .68	$ 1,360,000
• Proceeds to Genesis	$7.82	$15,640,000

The table does not include a three percent (3%) non-accountable expense allowance payable to the underwriters. The underwriters may purchase an additional 300,000 shares solely to cover over-allotments.

Neither the Securities and Exchange Commission nor any state securities commission has approved or disapproved these securities, or determined if this prospectus is truthful or complete. Any representation to the contrary is a criminal offense.

MILLENNIUM FINANCIAL GROUP, INC.

HD BROUS & CO., INC.

AMERICAN FRONTEER FINANCIAL CORPORATION

招股说明书

1999年6月14日

GENESISINTERMEDIA.COM, INC.

200万份普通股

我们是一家营销公司，致力于利用常规媒体和互动多媒体技术营销自己的产品和客户的产品。该份招股说明书中具名的承销商基于包销承诺，以每股8.50美元的价格在美国和全球各地首次发售GENESISINTERMEDIA.COM,INC.股份。此次发售的所有普通股均由我方出售。

此次发售系我方首次公开募股。此次发售之前，我方股份未在任何公开市场上市。我方股份已获准在太平洋证券交易所上市（股票名称为GNS），并获准在纳斯达克全国市场报价（股票名称为GENI）。

股票投资蕴含高风险，可能遭受损失。详见第7页及后续页面所述的“风险因素”。

	每股	合计
· 发行价	8.50美元	1700万美元
· 承销折扣和佣金	0.68美元	136万美元
· Genesis收益	7.82美元	1564万美元

上表未涵盖应向承销商支付的百分之三（3%）非实报实销费用津贴。承销商可单纯出于超额配售的目的额外购买30万份股票。

证券交易委员会及所有州级证券委员会均未批准或拒绝批准上述证券，也未确认该份招股说明书的真实性和完整性。任何与此相反的陈述均系犯罪行为。

MILLENNIUM FINANCIAL GROUP, INC.

HD BROUS & CO., INC.

AMERICAN FRONTEER FINANCIAL CORPORATION

第六章

与伊坎一起高飞

我的新项目包括收购、开发潜力巨大的公司以及创办新公司。

发展企业所需的创意是我的动力来源。我把这些创意融入巨额财富的创造过程中。

关注你和他人所能打造的东西。

为扩大公司规模，我努力发掘有潜力成为专业经理人的人士，对他们进行辅导，使之有能力创办成功的企业。注重价值和不屈不挠是我一直坚守的品质。商业交易的复杂细节是可以学的。我最信任的伙伴都有着打造成功人生的强烈欲望，这种欲望必须清楚地体现在每一天当中。

拒绝迷失

在收购由多家旅游公司组成的企业集团 Global Leisure Travel 之

后，我读到一篇介绍亿万富翁卡尔·伊坎如何让 LowestFare.com 公司上市的文章。LowestFare.com 的估值与 Global Leisure Travel 相当。读完这篇文章，我立刻捕捉到一个重大机遇：如果能说服伊坎将两家公司合并，就可以将 Global Leisure Travel 变现成巨额现金。

旅游业的机会

我开始分析如何才能接近伊坎。我跟他之前从未有过谈话，而且我和他之间没有可供直接联络的次级联系人。据说伊坎为人易动怒，很难相处。我对自己当时掌握的情况进行了梳理：

1. 当时，伊坎正在参与收购拉斯维加斯高塔酒店。
2. 伊坎会前往拉斯维加斯视察这桩收购交易。
3. 伊坎在拉斯维加斯期间下榻酒店的豪华程度远超高塔酒店。

我那段时间经常前往拉斯维加斯出差或者游玩。我给经常光顾的各家赌场老板一笔不菲的寻人费，让他们寻找能告诉我伊坎下榻地点的人。

其中一位老板成功打探到了消息：伊坎预订了拉斯维加斯希尔顿酒店的一套别墅，而这家酒店也是我最喜欢入住的酒店之一。我随即预订了该套别墅旁边的别墅。

我和伊坎于同一天抵达拉斯维加斯。我知道他会在晚上 7 点左右去吃晚餐，这是我从赌场老板那里获知的另一个细节。下午 6 点 30 分，我敲了敲他的房门。伊坎打开房门，破口大骂，质问我是谁。

我平静且和善地回答，我将会是他下一单生意的对手。他对我怒目而视，没有让我继续说下去，而是让我走开，不要妨碍他去吃晚餐。我说那太好了，我也还没吃饭。我随即拉上故意带在身边的“约会对象”，跟着伊坎进了电梯。

在乘电梯前往大堂期间，他不停骂我，时不时说我疯了。走出酒店，我立即挽着约会对象走到他前面，然后跳上了他的豪华轿车。在车上，他继续骂我。我在骂声中走进餐厅并从容落座。尽管伊坎在不停骂我，显得很愤怒，但我觉得，他还是想看看这个晚上会发生什么。我一直面带微笑。

在后来共事过程中，我逐渐了解到，伊坎很少碰到第一次见面不被他吓到的人。随着餐后甜点上桌，他终于停止了咒骂，开始表现出些许好奇心。我提议用私人飞机把他送回别墅。我的飞机比他的包机更大、更豪华。但是，他说根本不在乎我有没有飞机。这是他一贯的风格。

晚餐结束。我们径直前往机场，停在了我的飞机前面（我私下已经收买了司机，让他直接把我们送到那里）。伊坎嘟嘟囔囔地说道：“什么鬼？”但还是服从了我的安排。之后，他虽然承认我的飞机还不错，但强调称这样的飞机他能买几千架。由于他坚持不坐我的飞机，最终我们还是坐车回到了酒店。

在伊坎离开那天，他来到机场，希望乘坐自己包下的那趟航班，但奇怪的是，这趟航班并未如期而至。我从酒店提早退房，安排好飞机加油和起飞准备的事宜。因此，我从容地来到机场，邀请伊坎乘坐我的飞机。伊坎和往常一样嘟囔了几句，但还是接受了邀请。

接下来，我俩聊了六个半小时。其间，伊坎向我介绍了他自己，还讲了一些关于他的居住地和工作方式的细节。飞机着陆时，伊坎说的话和以往一样“粗暴”：“赶快消失，我再也不想看到你。”我哈哈大笑。

谈话往往是了解和统一双方愿景的机会。

穷追不舍

从那以后，我内心开始直呼伊坎的名字“卡尔”，就像我内心称呼卡舒吉为“阿德南”一样，因为我把自己定位成合作伙伴，而不是雇员。根据卡尔在谈话中提供的信息，我可以找到他在汉普顿斯的一处住宅。我在某个周五的早上 7 点来到了那里。当他的女仆开门时，我自信满满告诉她，我是卡尔的客人，并问她能否带我看一下我的房间。

我在客房假装安顿了几分钟，然后走出房间。我发现房间外的中庭有一张早餐桌，来到桌旁，边喝咖啡边等他出来。卡尔像往常一样走下楼梯吃早餐。认出我之后，他大声喊叫，声称要报警。我静静坐着，微笑了一会儿，告诉他别紧张，不用报警，我只是来喝杯咖啡。

卡尔终于心平气和，坐下来喝咖啡。那个周末，我一直和他待在一起，跟他去了纽约，周末结束后又陪他回到汉普顿斯。整个过程中，他不停让我走开，但我总能找到新奇的办法让自己留在他身边。最终，他收购了 Global Leisure Travel 大量资产。

在纽约和卡尔·伊坎玩扑克

之后几年，我和伊坎进行了更多交易。例如，我以 Genesis-Intermedia 做抵押从他那里获得 1 亿美元贷款，用于开展收购行动。尽管如此，他骂我的习惯一直没改。

和卡尔夫妇在一起

第七章

跟我对赌

投资人常通过卖空股票与上市公司对赌。

当把你自己和名誉投资到一家公司时，你会不可避免地将卖空者视为直接和你对赌、希望你失败的人。

随着 GenesisIntermedia 市值的增加，我发现空方积累的头寸接近 700 万股，大得超乎寻常。卖空是投资界的现实，但这样的卖空似乎是直接攻击的信号，我必须全神贯注应对。我不喜欢任何人跟我对赌。我已经证明过，从长远来看，跟我对赌的人肯定会失败。

与卖空者做斗争

我萌生了一个清晰的强烈欲望：我不仅要和卖空者做斗争，还要打败他们。在我看来，卖空者是想损害股票的价值，进而给我的投资人和伙伴造成损失。我还发现某些卖空者会采用不道德的做法。

SUCCESS **了解自己所遇到的挑战。**

我开始全面了解卖空者必须遵循的机制和法律规则。要想合法卖空股票，首先必须从某处（比如经纪行）借来股票。一旦借到股票，就可以通过出售借来的股票建立空仓。卖空者通常打算以更低的价格买回这些股票。

我自己的计划很简单：阻止卖空者借股票。我拥有广泛的人脉。我让每个人都了解空仓，并列出那些想购入更多股票的人。我催促这些人将自己现金账户中的期权卖出，或索取实体股票，将可用于出借股票的账户中的股票清空。这样，卖空者就很难建立较大的空仓。

但空仓仍在日益增多。我发现卖空者开始非法卖空股票。他们甚至不再尝试借股票，只是不停卖空。

包括阿德南在内的少数人在不停购买 GenesisIntermedia 的股票，直至我们持有的股票数量达到可出售数量的 140%（一家公司拥有的股票数超过可出售股票数可能看起来有点古怪，但当有人出售自己并未持有的股票时，这种情况就会出现）。得知 GenesisIntermedia 的股票遭卖空之后，我开始要求进行交割。法律规定，股票需在 3 天内完成交割。

卖空者一直无法交割，因为他们并未持有股票。当有人无法交割股票时，发起出售交易的经纪行就要承担责任。经纪行会被迫每 3 天进入一次公开市场，并在最后半小时倾其所有购入股票。卖空者不希望价格上涨，会针对此类收购进行返售，在空仓中越陷越深，而股价会持续攀升。

在对 GenesisIntermedia 的股票进行卖空期间，卖空者损失了数亿美元，陷入绝望之中。他们尝试玷污我的名声，甚至威胁要我的命。最后，他们向美国证券交易委员会投诉，促使政府启动调查。他们希望证券交易委员会能迫使我将此次调查行动公开，进而压低 GenesisIntermedia 股价。

全力作战

从当时来看，与卖空者对抗是我一生中遇到的最大挑战。如果失败，我将面临 100 年监禁。此外，我还必须维护我在投资人和伙伴中辛苦建立起来的名声。

自从将《思考致富》传授的经验投入实践以来，我积累了大量的财务资源。我利用这些资源全力与卖空者作战，但后来 9·11 事件的发生我始料未及。遇难者及其家庭遭受了极大的痛苦。与此同时，人们的恐慌引发股票崩盘，股市被迫关闭两周。这产生的一个副作用就是卖空者的胆子变大了。

GenesisIntermedia 股票遭遇了崩盘。但我的情况与其他人不同。我的阿拉伯名字当时引发了人们的怀疑。八卦媒体报道称，拥有公司 40% 股份的阿德南 · 卡舒吉是一名军火商。我们随即成为政府监控的目标（我后来得知，卖空者在很大程度上参与了此事）。GenesisIntermedia 股票遭遇停盘，我在短短一天时间里失去了所有资产。

7 年之战

后面 7 年，我的对手变成了美国政府。政府企图基于子虚乌有的虚假指控对我进行起诉。如果没有坚守永不放弃的初心，我已经锒铛入狱——检察官告诉我，此类案件约有 98% 都以政府胜诉告终。

政府向我提供了很多和解方案，刑期 4 年到 7 年不等，而如果我坚持上庭并败诉，我的刑期将超过 100 年。为避免遭遇最坏的情况，很多无辜的被告会接受和解。但我没有这样做。我遵从《思考致富》

提出的原则，决心打赢这场我人生中最重要的战役——恢复我的清白和名誉。

虽然败诉可能导致我丧失人身自由，但这并不能动摇我的决心。《思考致富》提醒读者不要找“可能丧失自由”这类借口。我决心证明自己的清白，阻止政府对我的起诉。但是，我之前将全部资源用在了与卖空者的对抗上，已经倾家荡产。这意味着，在与无耻的控告做斗争的同时，我必须东山再起。我需要 2000 万美元的资金来对抗一系列不公正的指控。

在那 7 年里，我几乎每天都要送我的律师到检察官办公室。在那里，律师们会仔细查找各项指控存在的漏洞。检察官会在某一点上有所放宽，然后提出另一种说法。其目的是向大陪审团控告我。但是，我的律师每次都能找出导致政府无法起诉的漏洞。

在此类案件中，被告和潜在被告的处境非常不利。政府可以运用其权力威胁被告。比如说，政府起诉了我的一位亲密伙伴，企图让这位潜在证人“反水”。这位亲密伙伴名叫考特尼·史密斯，我把他视为好友。如果败诉，他将面临 40 年监禁。尽管可能遭遇的后果如此残酷，但他并没有撒谎，因为他知道我们并没有做错什么。

在经历司法部、证券交易委员会等机构的长时间审讯之后，考特尼得以无罪释放。政府失去了打击我的另一个潜在武器。

人不可能永远处于逆境之中。

预知挫折，负重前行

无论学习时多么认真，无论做决策时多么理性，无论做准备多么充分，你还是会不时犯错，并遭遇意料之外或无法预测的事件。但暂时的挫折（即使是持续 7 年的挫折）并非永久的失败。成功人士认为，所有人都会经历暂时的挫折，这些挫折要求我们重新评估自己的表现并进行纠正，进而获得成功。成功人士知道，人不可能永远处于逆境之中。

这种心态比人类已经发明的任何武器都更强大。它不会被外界力量完全控制，无论外界力量开始看上去多么可怕。人类历史上那些暴君企图控制反对者，但最后发现，想象的力量远远大于刀剑的威胁，正如维克多 · 雨果所言："军队的入侵可以被抵挡，但应运而生的思想无法被抵制。"

本书虽然尚未直接对想象力进行探讨，但你应该可以感觉到，当我释放想象力，运用《思考致富》所谓的"想象力工作室"的时候，打造非凡人生的可能性就出现了，而我的想象力陷入沉寂时，我就偏离了自己预设的路线。

你可以把我的经验运用到自己身上：不要让任何类型的"暴君"、任何负面影响因素控制你。在严酷环境中，你可以学到宝贵的东西，不必让疼痛、失望和愤怒掐灭你具有创造性的想象力。

SUCCESS

如果可以控制自己的思想，你就绝不会被他人的思想控制。

永不言弃

我的律师获得了联邦调查局盘问证人的文字记录，其中很多文字记录明显存在前后矛盾。因此，检察署决定对众多证人重新进行盘问。新证词的矛盾之处更多。

检察官预料判决结果可能对检方不利，因此提出了最终的和解方案，让我接受 4 年刑期，否则我可能被判入狱 100 年。

我拒绝了这个方案，因为我没做错任何事。这个方案是在周二提出的。律师周四给我打电话时，我以为我被起诉了。但是，律师之前已从检察署收到一封信函，称检察署将放弃起诉（我的某位律师表示，他在此之前只见过一次这类信函）。我让律师把信中的陈述复述了五遍。显然，检察官们知道己方没有胜诉的可能。

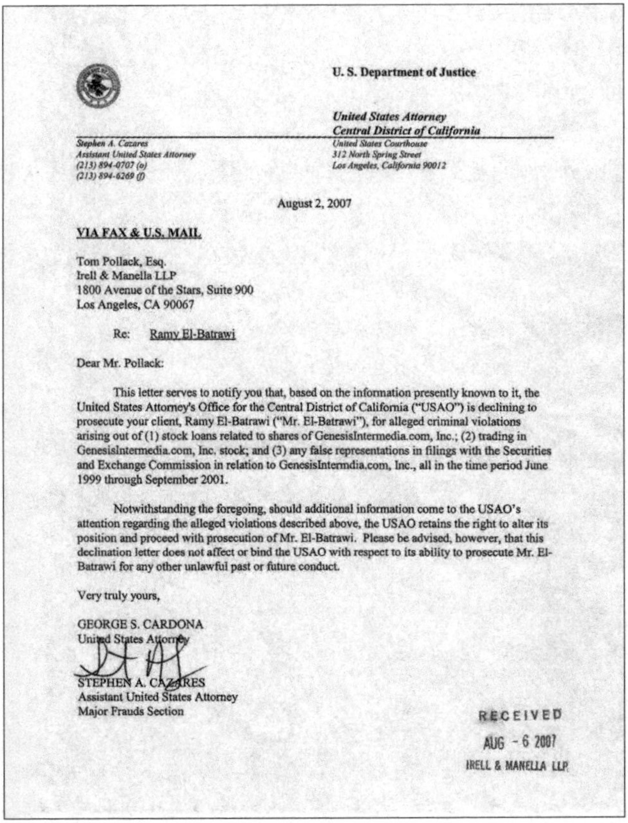

U. S. Department of Justice

United States Attorney
Central District of California

Stephen A. Cazares
Assistant United States Attorney
(213) 894-0707 (o)
(213) 894-6269 (f)

United States Courthouse
312 North Spring Street
Los Angeles, California 90012

August 2, 2007

VIA FAX & U.S. MAIL

Tom Pollack, Esq.
Irell & Manella LLP
1800 Avenue of the Stars, Suite 900
Los Angeles, CA 90067

Re: Ramy El-Batrawi

Dear Mr. Pollack:

This letter serves to notify you that, based on the information presently known to it, the United States Attorney's Office for the Central District of California ("USAO") is declining to prosecute your client, Ramy El-Batrawi ("Mr. El-Batrawi"), for alleged criminal violations arising out of (1) stock loans related to shares of GenesisIntermedia.com, Inc.; (2) trading in GenesisIntermedia.com, Inc. stock; and (3) any false representations in filings with the Securities and Exchange Commission in relation to GenesisIntermdia.com, Inc., all in the time period June 1999 through September 2001.

Notwithstanding the foregoing, should additional information come to the USAO's attention regarding the alleged violations described above, the USAO retains the right to alter its position and proceed with prosecution of Mr. El-Batrawi. Please be advised, however, that this declination letter does not affect or bind the USAO with respect to its ability to prosecute Mr. El-Batrawi for any other unlawful past or future conduct.

Very truly yours,

GEORGE S. CARDONA
United States Attorney

STEPHEN A. CAZARES
Assistant United States Attorney
Major Frauds Section

RECEIVED
AUG - 6 2007
IRELL & MANELLA LLP

美国司法部
美国加利福尼亚中区检察官
美国法院

史蒂芬·卡萨雷斯
美国助理检察官
(213) 894–0707（办公）
(213) 894–6269（传真）

加利福尼亚州洛杉矶北斯普林街312号，
邮编90012

2007年8月2日

通过传真和美国邮件发送

汤姆·波拉克先生

加利福尼亚州洛杉矶星光大街900号艾瑞尔与马内拉律师事务所，
邮编90067

回复：拉米·埃尔–巴特拉维

亲爱的波拉克先生：

兹通过本函通知您，基于当前所知信息，加利福尼亚中区检察署（以下简称“本署”）决定免于依据（1）与GenesisIntermedia,Inc.股份有关的股票贷款；（2）GenesisIntermedia,Inc.股票所发生的交易，以及（3）在证券交易委员会备案的、与GenesisIntermedia,Inc.有关文件中任何虚假陈述所引发的涉嫌罪名起诉您的客户拉米·埃尔–巴特拉维（以下简称“埃尔–巴特拉维先生”）。

尽管如此，如本署收到关于上述涉嫌罪名的其他信息，本署保留改变立场、继续起诉埃尔–巴特拉维先生的权利。但是，请注意，本函并不影响或约束本署就埃尔–巴特拉维先生过去或未来的任何其他违法行为对其进行起诉的能力。

谨启

乔治·卡尔多纳

美国检察官

史蒂芬·卡萨雷斯

重大诈骗案件科助理检察官

2007年8月6日收件

艾瑞尔与马内拉律师事务所

7年后，我终于打赢了这场仗。虽然我不知道政府最后到底为什么会认输，但我知道，这桩案件始于9·11事件之前。当时，一群卖空者花钱雇佣联邦调查局探员，让后者向证券交易委员会告发我，称我曾参与各种形式的诈骗。参与告发的3名探员最终遭到了起诉，其中两人随一名卖空者锒铛入狱（上文提到的“威胁要我的命”并非夸张之词）。

奋斗不息者总有成功的可能。

新闻报道只关注我被证券交易委员会起诉这件事，却没有注意到这桩丑陋案件的其他细节。这种负面新闻通过互联网快速传播，本该成为我失败的借口。在此期间乃至后来的日子里，许多人直接拒绝和我做生意。但任何事都吓不倒我。我继续满怀信心地与每个人打交道。这让他们对自己看过的新闻报道产生怀疑。

我将通过经年累月的奋斗夺回我失去的所有东西。

如果认为自己被打败了，你就是被打败了；如果认为你不敢，你就是不敢。如果想赢，但认为你赢不了，那你肯定赢不了。如果认为自己会失败，你就会失败。我们发现，在这个世界上，成功源自人的意愿，而意愿完全取决于人的心态。如果认为自己出类拔萃，那你确实出类拔萃，因为你志存高远，相信自己会赢。人生战役的赢家未必是那些更强壮或者反应更快的人，但"认为自己能行的人"

（摘自沃尔特·温特尔的诗句）迟早会赢。

——《思考致富》

— 沉思 —

《思考致富》警告读者不要陷入负面心态。当开始陷入负面心态时，我意识到自己必须采取行动，否则将输掉未来的战斗。

尽管每年需要与政府不停对峙，但我仍能进行各种交易，并使他人对我产生高度信任，尽管我需要承受极大的生理和心理压力。我出价180亿美元收购环球影城，然后在斯帕戈餐厅强行与实业家马文·戴维斯交谈（我事先得知他喜欢到斯帕戈餐厅吃饭），说服他以首要投资人的身份投资40亿美元。之后，我又通过多名投资人和多家银行募集到140亿美元。整桩交易最终失败了，因为戴维斯背着我收回了投资份额，并提早向媒体公布此事。环球影城最终被全美广播公司收购。尽管如此，我还是从这桩交易中学到了一条经验——交易再大也不嫌大。

我的其他收购目标包括300家皮卡迪利自助餐厅（也就是我当初无家可归、流落街头时每天去的餐厅）、阿罗哈航空公司、纪元航空公司（总部位于阿拉斯加）等。

由于当时官司缠身，我选择待在幕后。我没有控制我与投资人收购的那些公司，而是让其他人负责日常运营决策。可是，这些负责人（其中包括一位成就卓著的亿万富翁）并不能遵循相同的做事原则。皮卡迪利和阿罗哈航空公司后来均申请破产，而纪元航空公司也只是以保本价格被出售。

我对自己许下了一个新的承诺，绝不再参与任何我从一开始就无法控制的生意。我知道如何识别和培养领导者（这是《思考致富》的重要主题）。因此，如果我需要将业务转交给某个人，这个人一定具备取得成功所需的性格特征。

所有失败都是暂时的。

让想象力成为有源之水

再次倾家荡产的我必须想方设法创造财富。在我与政府对峙期间，一位心理医生告诉我，我需要服用抗抑郁药物，以应对源源不断的压力，并宣称这是我应对现状的唯一办法。

我的思考过程逐渐慢了下来。之前，对我而言，设想新项目的能力就像呼吸一样，是我天生的能力，但它现在消失了。我的心智只有一部分在发挥作用。我似乎掉进了一个爬不出来的黑洞。

我似乎陷入了不停服药的恶性循环中，甚至认为我的人生丧失了可能性，因为可能性听起来太像一个借口。那位心理医生告诉我，停止服用或者突然戒掉抗抑郁药物对我来说很危险，因为那会在生理和心理上产生很严重的副作用（心理上的副作用包括潜在的自杀倾向）。

他推荐了一套逐渐戒断药物的可行计划，但他根本不知道，我已经做好立即戒断的准备。我当时是一个 53 岁、依赖处方药的破产男人。对于下一步该做什么，我茫然无措。

每个人肯定都是思想在前，行动在后。如果对自己所处的境况不满，你可以凭借思想的力量改善自己的处境。当然，你也可以用负面思维去破坏你原本积极的人生。成功的起点是诚实分析自己的现状，接受你对自己人生所负有的责任，并制订可行的计划来获得你想要的东西。

——《思考致富》

— 沉思 —

我必须诚实地评估自己的精神状况，无论评估结果是否令我满意。只有我自己才能对我的未来负责。

第八章

跌入谷底

2015年，我跌入了人生的谷底。

我们都知道人生有起有落，但2015年就像一个将我吞没的无底洞。

我的财务和身体状况都陷入挣扎之中，而且我仍在依赖处方药。我的心智可能只有 5% 在发挥作用。由于认知模糊，我没有意识到自己心智的衰退——这已成为一种新常态。在这种新常态下，我既缺乏再创办一家成功企业的好点子，也没有制定出清晰的策略，帮助我夺回我失去的东西，更不用说超越以往的成就。

但我仍然拥有一个根深蒂固的习惯，就是浮现在我脑海中或出现在人生道路上的任何事物都尝试一下。我尝试创办了几家小公司，但很快都失败了。后来，我偶然间发现了 Xerveo，一家明显具有一定成长潜力的公司。尽管精神状态不佳，我还是成功筹集到 100 万美元，将 Xerveo 买下来。3 个月后，该公司销量翻了三番。我想我终于重返正轨了。

失控

看到 Xerveo 大获成功，主投资人开始不顾一切寻求全面控制 Xerveo。与此同时，我的心理医生（顺便说一句，他后来被吊销了行医执照）不断加大我的药物剂量，因为我的身体产生了耐药性。这是一种恶性循环，服药让我更加抑郁，更加无助。“黑洞”变得越来越大。

我没有流动资金，因为无法立刻将投在 Xerveo 的钱拿出来，但又要不断与主投资人做斗争。我陷入困境之中，感觉当时的生活比 12 岁时露宿街头、与试图让我入狱的政府对抗还要艰难。

那一年我常常失眠。在某个特别难熬的夜晚，我服用了过量的安眠药，后来被救护车接走。被锡达西奈医院收治之后，我“死亡”了 20 分钟，因为那段时间我的心电图呈直线。医院甚至请来一位牧师，准备给我做临终祈祷。

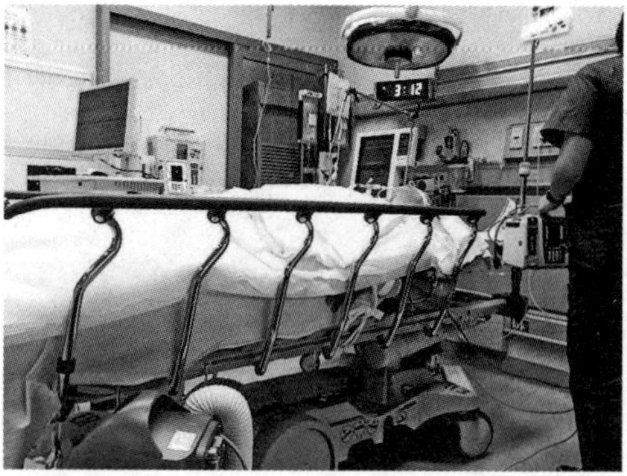

在生死边缘恢复清醒

幸运的是，医生并没有正式宣告我死亡。最终，他们成功救活了我。之后，我花了 3 周才恢复过来。从锡达西奈医院出院后，我被送往一家精神病机构接受观察，因为我的服药过量行为被归类为自杀未遂。这是我第一次进入精神病机构，但不是最后一次。

当时，我的许多朋友和伙伴并不认为我还有咸鱼翻身的机会——我自己也这么想，除非不再依赖那些影响我心智和生理能力的精神病药物。（但并非所有人都这么想。少数人对我最终东山再起坚信不疑。这次悲惨的经历和它给我带来的伤痛，让我看清了信任的真正意义。）

街头的我，手里拿着21美元

当时有一种解决方案，就是快速戒断，不要陷入长时间的讨论，不要给自己留后路。对我而言，这种解决方案意味着我需要经历 3 个月的停药期。在外人看来，当时的我像极了很多年前我在坦帕街头偶遇的那些精神病人。和他们一样，我会在街上徘徊，一副蓬头垢面、无家可归的样子，有时还会语无伦次地嘟哝。有时，我讲话的样子甚至会给我带来危险。我曾多次意外受伤，好在都挺了过来。

当局曾经拘押我，通过治疗让我养成自我保护的习惯。这种情况发生过两次。

拉尔夫·沃尔多·爱默生曾说，我们的优点源自我们的缺点。"直到我们被刺痛、被严重击伤，我们的愤怒才会苏醒，而这种愤怒会通过神秘的力量武装自己。"冲突和斗争可以激励你克服逆境，推动你取得真正的成就。你要将每一次斗争视为个人成长的机会。塑造性格的是斗争本身，而非斗争的结果。如果知道自己是对的，你就应该坚持下去，即使整个世界都在跟你作对，即使认识的每个人都在质疑你的判断。坚持下去，你最终会取得胜利。到那时，所有人会跟你说，他们一直都认为你能做到。

——《思考致富》

— 沉思 —

在我人生中的不同阶段，总有人说我不可能成功。我知道他们是错的，但我无须反驳他们的观点。我只是一路前行，向人们展示如何运用《思考致富》提出的原则。

在最后一次拘押治疗期间，阳光终于驱散了“黑洞”，我觉得不再需要依赖药物。我做回了自己。我立刻向治疗机构要来纸和垫板，粗略记下了脑海中奔涌的新想法——我并未陷入躁狂，而是恢复了从前的状态。当然，还需要努力爬升到我本该处在的位置。

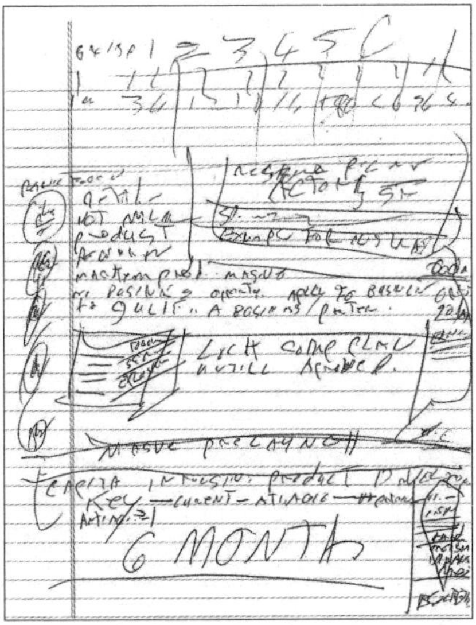

Xerveo 主投资人一直试图完全剥夺我的权力，甚至尝试让我被拘押更长的时间。但我已经恢复清醒。负责案件的法官相信我的神志完全清醒。虽然当时没有任何财务资源，但是复苏的心灵已足以重新点燃我对成功的强烈欲望。

我们大多数人在短暂的一生中会经历一些洞察力乍现的场景和关键时刻。这些经历会永久改变我们的人生轨迹，其中大多数经历来源于惨痛的失败，而非伟大的成就。让我们懊恼和沮丧的失败，才能给我们持久收益的经验教训。如果你被迫经历关键时刻，那就从中提取出有用的经验教训，然后把整件事抛诸脑后。从失败中学习经验教训，然后把失败忘掉，去创造更好的事物。

——《思考致富》

— 沉思 —

我发现，可怕的经历真的能帮助人获得成功。如果没有那段可怕的经历，我的创造力不会上升到新的高度。

我们每个人既有可能取得成功，也有可能经历失败。这两种可能性是我们性格的固有组成部分。成败很大程度上取决于我们如何管理两种可能性。如果对优点放任不管，它们将会消失。但缺点却并非如此。对自己的缺点放任不管，它们将成倍增长，最终淹没你的优点。控制缺点最妥善的方法，是在缺点出现时就掐灭它们。

——《思考致富》

—　沉思　—

面对和我在一起的每一个人，我都会清楚地展现自己的性格。我不会允许自己养成坏习惯。

第九章

“不可能东山再起”

2016 年 1 月，时年 55 岁的我处于破产状态，但已经重新锁定目标——获取打造非凡人生所需的巨额财富。

但之前的很多熟人皆已离我而去。他们不愿意把赌注重新押在我身上。我拜访了一个又一个投资人，尤其关注那些过去曾从我这里获得大量帮助的人，以及所有熟悉我的人，结果要么被拒绝，要么被忽视。他们似乎认为，我不可能再获得成功。

但我的朋友约翰·格雷是一个例外。我人生中很多年都有他的身影。他总是相信我，而且不怕经历经济的起伏，因为他眼光长远。他并不只是通过著书立作宣扬同情心。他在生活中就是个富有同情心的人。

他没有提出任何疑问，毫不犹豫地给了我 1 万美元，帮助我东山再起。我一生中经手无数次这种金额的款项，但约翰赠予的这笔钱至今仍令我记忆犹新。《思考致富》中讲了一个筹集 100 万美元的故事。对我而言，约翰给的这 1 万美元相当于 100 万美元，它能让我干一番大事业。

清晰的目标可以指导你如何花钱。金钱本身并不能引导你制定清晰的目标。

如何花钱

对大多数和我情况类似的人而言，利用1万美元可以租一个住的地方，然后找一份养家糊口的工作，仅此而已。但我不一样。我再次运用了《思考致富》提出的原则。

我需要制订一个计划。但是，就像《思考致富》一直强调的那样，我首先需要确保“目标的明确性”。为此，我制定了两个明确的目标：

- 买回我在倾家荡产之前住的房子。
- 寻找一门能创造财富的生意。

我将以这1万美元为起点不停奋斗，直到变得比以往任何时间都更富有。

我重新买回的房子位于好莱坞山，现在仍住在这栋房子里

为了避免产生任何贫穷心态，我决定入住一家旅馆，而不是图省钱去住更便宜的公寓。几个月之后，我和我以前房子的业主达成交易，搬回了旧居。

如果人生没有计划，你会更倾向于走捷径，漫无目的地随波逐流。为人生制订明确的计划可以简化日常诸多决策的过程，进而帮助你最终取得成功。如果知道自己想去的方向，你就可以迅速确定自己的行动是否符合自己的目标。如果没有明确的目标和实现目标的计划，每个决定都将沦为空谈。明确的目标能为你提供行为框架，确保你的具体行为与整体计划步调一致。

——《思考致富》

— 沉思 —

我要求自己和他人遵循同样的标准：制订明确的计划，制订明确的时间表，没有托词，没有借口。

创办公司，卷土重来

我需要创办一家高价值企业，作为从事新交易的平台。之后的6个月里，我尝试了若干项目。虽然这些项目没有成功，但和以往一样，我并不打算放弃。

一天，我在电视上看到一则报道：在拼车行业日渐升温的背景下，卡尔·伊坎向来福车注入了5亿美元资金。我随即开始设计一种能在拼车服务领域脱颖而出的新概念，尽管当时美国的拼车服务领域已有十几个拼车应用程序，堪称"人满为患"。我设计的概念是通过搜索拼车应用程序寻找最便宜的拼车方案。这与旅游网站元搜索引擎 Kayak 的功能相似。

我发现了一项我有能力满足的重大需求。这正是我赚钱所需的。

我把新开的公司命名为"YayYo"。我认为这个名字能让人立刻记住，而且很难被忘记。我向很多人（第一个是约翰）推销我的想法，为成立公司筹集到数百万美元的资金。

在此期间，美国证券交易委员会发布了一项新条例，名为"条例A"。该条例允许公司上市时采取更灵活的筹资方式，例如通过电视广告筹集资金。因此，我制作了一条成功的商业广告。在证券交易委员会针对条例A做出修订之前，我又筹集到500万美元的启动资金。

新的障碍，新的战争

优步和来福车拒绝分享它们的应用程序接口（API），而设计新 APP 不能没有这些 API。鉴于 YayYo 的开发资金迅速流淌，公司内部某些人决定趁此机会尽可能多从公司套取资金。在此情况下，YayYo 一度出现倒闭的迹象。

《思考致富》教导我们，不要放弃目标，要寻找调整或转变的方法。本书一直都在强调这一点。我不会拒绝那些一直信任我的投资人。我绝不会过早放弃 YayYo。我深知，这家公司能帮我再次取得成功。

我回过头对优步和来福车所面临的挑战进行了反思。我并没有将优步和来福车视为对手，而是试图找出哪些东西能让它们受益最大。显然，这两家公司都难以招募到足够拥有适当车型的司机。因此，我决定让 YayYo 负责购买轿车，然后把车租给没有能力自行购车的优步和来福车司机。

这一转变产生了极佳的效果。YayYo 开始起飞并迅速壮大。

YayYo 是上市公司，但并未在交易所挂牌。由于 YayYo 股票缺乏流动性，YayYo 在正式挂牌之前无法募集到额外资金。于是，我申请在纳斯达克挂牌。令我失望的是，挂牌事务负责人曾参与 GenesisIntermedia 的退市流程。这是我遭遇的又一个障碍。能否挂牌似乎完全由这位负责人决定。

在后续两年多的时间里，我与纳斯达克多次交锋（这一过程通常最多花费几个月的时间），终于让 YayYo 得以成功上市，但付出代价也相当高昂。纳斯达克允许 YayYo 上市的条件是我辞掉 CEO 和董事会成员职务，且不得直接参与公司的任何事务。我最终同意了这些条件，因为我要确保原始投资人能获利，确保他们对我的信任能得到回报。我在 YayYo 仍保有大量股份。

但对我而言，路途依旧坎坷。就像之前发生的那样，由于我无法指导公司的日常运营，也不能把公司转交给职业道德值得我信赖的经理人，公司陷入了内斗。新上任的 CEO 持续卷入各种争端。

因此，成功上市仅仅几个月后，YayYo 就在纳斯达克的强迫之下退市。

我没有放任 YayYo 走向失败。我拿回对公司运营和决策的领导权，在资源极为有限的情况下，使公司平稳运行了一年。之后，随着新冠疫情袭来，经济再次陷入动荡，全美各地的企业纷纷受挫。我需要再次做出转变。

我坚持不懈地努力，同时保持冷静的头脑，并重新让投资人相信 YayYo 会取得成功。得益于此，YayYo 终于走向繁荣，收回了全部股份。退出 YayYo 之时，我拥有数百万美元的股份。在我撰写本书的时候，YayYo 已经申请在纳斯达克重新上市，目前规模正在大幅扩展。

你如何打造你的世界，你的世界就会呈现出什么样子。你既有可能取得伟大的成就，也有可能陷入毫无希望的悲惨人生。如何选择完全在你自己。如果选择正向路径，你就能调动源源不断的力量，打造有意义的职业生涯，获得家人和朋友的爱，保持生理和心理健康，并获得真正意义上的人生财富。要想改变自己的世界，你必须由内而外做出改变。如果选择正向路径，你的人生就会朝好的方向发展，且将对你所接触的人产生积极的影响。

——《思考致富》

— 沉思 —

我的成功影响了很多人的生活。强烈欲望可以造就大量的富翁。

这次成功靠的并不是某种魔力或运气。秘诀在于，我首先明确“我能做到”，然后制定了清晰的愿景，使他人相信“我们能做到”。我在讲话和思考时不会用“可能”或“如果”这样的字眼。我身边的人也有类似的习惯。本书的第一章强调“没有借口”。这是一种积极、具有前瞻性的理念。为获得更高的成就，你要始终遵循这种理念。

第十章

前所未有强大

从2016年到2021年，我完成了大多数人认为我（尤其在我倾家荡产、精神失常之后）根本无法完成的目标。

当我重返正轨，再次朝着非凡人生迈进时，我迅速而果断创办了其他若干家公司，并同他人创办了合资企业。

心态从百万富翁调整为亿万富翁

我的私募股权机构X, LLC正在寻求筹集数十亿美元的资金，用于创办更多能创造良好业绩的企业。我不会去吹嘘未来，只会拿我实际取得的成就来说话。

X

持续发展

为了弥补物流行业的缺陷，我创办了PDQ Pickup公司。该公司迅速发展壮大，目前市值已达数亿美元。

EV Mobility 正在公寓楼和酒店部署电动车辆，目的是为居民和酒店住客提供便利。未来两年，EV Mobility 预计组建一个拥有 2 万多辆车的车队。据估计，它的市值不久将超过 20 亿美元。

传媒项目的扩张

我通过 Extraordinary Life Entertainment 制作了《拉斯维加斯 27 岁秀》。该节目安排歌手表演罗伯特 · 约翰逊、詹尼斯 · 乔普林、吉米 · 亨德里克斯、吉姆 · 莫里森、柯特 · 柯本、艾米 · 怀恩豪斯等 27 岁时去世的伟大音乐家的作品。克服重重困难，我终于促使新建的维珍酒店同意将其某套公寓作为《27 岁秀》制作场地。《27 岁秀》迅速成为拉斯维加斯最受欢迎的节目。我计划通过 Extraordinary Life Entertainment 制作更多套节目，并创办一家唱片公司，用来发掘新歌手。

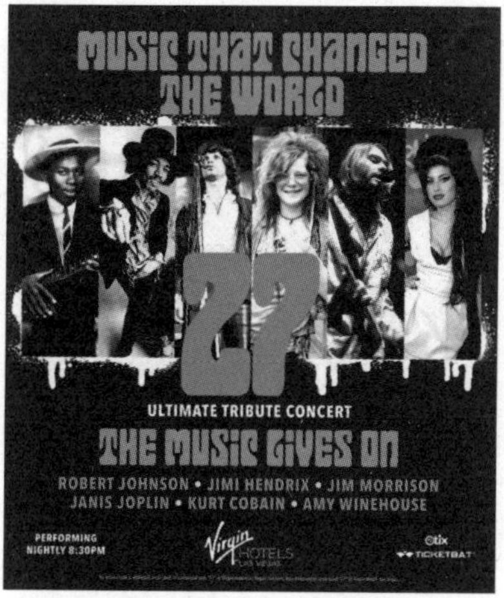

《27岁秀》表演者准备乘飞机前往旧金山参加某档节目

这完全是一个态度问题。在成长过程中，你要确保你的经历是为了获取智慧，而非接受犬儒主义。如果因为以往的经历而觉得自己无法保持开放的心态，你要提醒自己，相比以往，你所面对的人变了，所处的环境变了。

相比以往，你更成熟、更聪明，你的成功概率也更大了。

——《思考致富》

— 沉思 —

待人接物，我抱着诚实、学习的态度。想让他人融入我的新愿景，我首先要知道他们的愿景是什么。

飞机绝不仅仅是飞机

我早前从阿德南·卡舒吉那里得知，对企业家经商而言，飞机是一种强大的工具。我当前拥有的宽体喷气飞机设有卧室、淋浴间和19个座位，比我之前那架更好。它增设了10个油箱，可以飞往世界任何地方。

除了购买这架喷气飞机、好莱坞山的旧居之外，我买回了我原先拥有的 1987 款德·托马索跑车，通过整修使它恢复了往日的荣光。

我的1987款德·托马索跑车

自 2017 年卡舒吉去世后，再没有人能像他那样作为世界各国领导人所信任的掮客。现在当然有人比卡舒吉更富有，但只有卡舒吉运用自己的财富在大企业和各国首脑之间谈成了重磅交易。在与他共事的岁月里，我了解了取得他那样成就需要哪些策略。全世界只有少数几个人知道如何取得甚至超越他的成就、打造真正非凡的人生。我就是其中之一。

成为可与卡舒吉比肩的掮客，填补他留下的空白，这是我未来的一项重要目标。我将实现这一目标和许许多多其他目标。我对此深信不疑。

为失败找借口是人最常犯的错误之一。世界上大多数未能取得成功的人都擅长找借口。他们尝试用言语解释自己的各种作为或不作为。成功时，你应该优雅地接受他人的祝贺；失败时，你应该为自己的错误承担责任，从错误中吸取经验教训，然后去做更有建设性的事情。如果在所有情况下都能采取适当的行动，你永远不会觉得有必要用言语去解释这些行动，因为不言自明。

——《思考致富》

— 沉思 —

如果关注《思考致富》中关于成功的所有原则，我就绝不会沉迷于寻找借口。

没有借口

我一生中有过多次被迫从头再来的经历，但我没有使用任何可能阻止我迈向成功的理由或借口。我克服了受教育程度低、缺乏资金、遭受猛烈批评、与美国政府对抗、依赖处方药，甚至濒临死亡等诸多艰难险阻。

再次白手起家的我重新创造了数亿美元的财富，并在短期内使财富规模上升至数十亿美元。我不会为失败找借口，因此能在面对逆境时取得成功。

如果你相信你自己，并能运用《思考致富》提出的原则，以及我在生活中发现的秘诀，你就能像我一样打造成功的非凡人生。没有什么东西可以阻挡你。

第十一章

我的“标准操作程序”

我撰写本书的目的是启发读者，而不是炫耀我旧日的荣光和成就，何况我还曾有过几段黑暗的人生经历。

就像我在前文反复强调的那样，我始终把注意力放在向前发展上。希望你也能做到这一点。

我把我的企业和个人理念与我从《思考致富》继承而来的东西捆绑在一起，向自己和他人证明《思考致富》的原则经调整后，可以运用于生活中遇到的任何事。我最终意识到，仅仅打造 “成功”的人生是不够的，“非凡”一词才更贴近我的终极目标。

期待和交易

在人生旅途上，我为自己、朋友和伙伴打造了很多非凡的体验。

当调整你对“标准”交易的期待时，你的财富等级就可以逐步提升。孤注一掷有些时候确实能提供一种重要的策略：如果不愿意冒险，倾尽所有，你不太可能成为世界舞台上的明星。成为世界舞台上的明星是我在阿德南 · 卡舒吉的启发下萌生的愿望。

事实上，我从未担心别人怎么看我。但是，我关心我能否给他人带来启发。欢迎读者从我的经历中汲取经验教训，推动自身前行。

财产

我并不太关心我具体收获了什么。这些东西可以帮助我在国际上打造名声，进而打造巨额交易，就像阿德南·卡舒吉利用他的收获成为"没有国家的国家元首"一样。

尽管财产能让我获得愉悦感，但我不会让它们控制我。我会确定我过上舒服的生活至少需要哪些东西。其他东西都是可以重新获得的。因此，当初为了追随阿德南，我卖掉了自己的财产。

简而言之，尽管我为自己能重新获得喷气飞机等财富（这些财富是通往非凡人生之路的试金石）而感到自豪，但我不会太在乎在物质上拥有哪些东西。

我的心智如何发挥作用

丧失任何心智都会让我的人生陷入最低谷。接下来，我将讲述在所谓的正常模式下，心智如何发挥作用。

假设有一个无比宽敞的房间，房间里放置无数个文件柜，这些文件柜设有数不清的抽屉。那么，在任何时间，我都能找到需要的任何文件，无论我周围发生着什么。与此同时，我能够长时间集中注意力。我能在必要的时间内把注意力集中在每一份文件上，并根据主题或问题对文件进行严谨处理。

我在处理日常事务时也是如此。我的日常事务包括与他人进行大量的互动。无论处于何种情形，我都能给每个人集中关注，无论需要关注多长时间。之后，我会把注意力转移到电话、讯息、邮件、

会议等其他事务上。

我的个人生活同样如此。如果我和某个朋友或者恋人在一起，我会把注意力集中在他 / 她身上。（这是我和我的前任总能和睦相处的原因之一。当我们在一起的时候，我的注意力总是“在线”的。）

我通常在 5 点之前就会起床，直到午夜才入睡。如果我脑海中萌生出新的想法或见解，我可能凌晨 4 点就起床了。起床后，我会喝一杯咖啡。除了咖啡，我不会服用任何化学药剂，而且我也不饮酒。

在股市开盘之前，我会进行研究，然后在一整天时间里监督和完成股票交易，通过电话与各色人等进行轻松的交谈，然后拜访各种办事处和企业——当然，这里只是举个例子。我的谈话对象可能是为某家公司维修特斯拉的机修工，也可能是一位 CEO。我总是在寻找新的机会。

如果通过训练自己的心智寻找机会，你会发现，人生的每一天所呈现的机会总比可以利用的机会多。你的身边到处都是机会。你将不再需要寻找机会，机会会自动找到你，而你面临的最大问题是如何挑出最好的机会。为确保能在机会降临的时候发现它，首先要清楚了解自己的核心能力。为此，应该实事求是评估自己的优点和缺点，就像审查陌生人的证件一样。要明确自己最擅长的领域，以及自己需要提升的领域。在此基础上，扬长补短，确保自己在发现机会时能把握住机会。

——《思考致富》

— 沉思 —

我一直在盘点我的资产：我现在有哪些可供有效利用的资产？最重要的资产就是我的心智。这一点屡次得到了证实。

我的生活中从来不乏否定的声音。前文提到，我在被拒绝之后会继续前行，因为我认为“否定”背后隐藏着“肯定”。我曾对喷气飞机进行大规模翻新。有一次，得知它在两周的时间内无法起飞，我并没有因此动怒。我坐在飞机上向顾问们咨询问题，静静听他们解答，试图营造一种静谧的氛围。他们解答完之后，我会继续询问，然后继续等待他们回答。我绝没有提高自己的音量，或者怒形于色。

但是，喷气飞机两天后必须起飞，因为我和伙伴要前往拉斯维加斯观看我一手打造和宣传的音乐秀。我最终被告知，喷气飞机的系统更新会准时完成。于是，“否定”变成了“肯定”。

迅速而果断地在不同的人、不同的问题之间进行切换，并不会让我感到焦虑或紧张。我总能呈现出一种优雅的姿态，以顺畅而克制的节奏处理事务。这就是我的办事节奏看起来要比普通人快的原因。

我总是在创造事物、制定策略

我的思想比其他人快几步，就好比象棋大师会想到对手后面几步棋会怎么走。这是我引以为豪的地方。我的思想和行为方式一直非常自然。我就像一只在水族箱中游泳的金鱼——在水被抽掉、导致我难以呼吸之前，我压根不会注意到水的存在。

人生中有很多事情是你无法控制的，但你总能控制对这些事情的态度。失败绝不会是永久性的，除非你放任它们成为永久性失败。如果采取积极的态度，你会觉得失败只不过是幻象，是一段学习的经历，它所带来的宝贵经验能帮助你在下次尝试时获得成功。问问自己，当初我要怎么做，才能避免失败？今后为了尽量减少问题和错误，我可以怎么做？我从这次失败经历中学到的哪些经验教训对我下一次尝试有帮助？如果用积极的态度应对障碍和挫折，你会惊奇地发现，可以迅速转败为胜。

——《思考致富》

— 沉思 —

我无法控制赌场里的骰子，但可以控制自己应对输赢的方式，尤其是我能从失败中吸取经验教训，为自己未来的行动提供指引。

什么是终局游戏？

有些时候，即使是非常富有的人也会对未来感到疑惑。以我为例，我仍在致力于打造一种人生，把我推向更大的舞台——提供更多创新可能性的国际舞台。未来我将继续创办公司，以及相关服务和产品，尤其是要构思出可以改变世界的好点子。

在前一章中，我提到曾参加慈善拍卖会，但只是简单带过。长篇大论讲述这类经历会有自吹自擂之嫌。但如何应对无家可归的境地，确实是与我相关的问题，因为我有这方面的亲身经历。我正在思考如何才能对这一社会问题施加影响。各位读者请继续关注我未来的作品。

YOU ARE INVITED TO ATTEND THE
ANNUAL HUMANITARIAN OF THE YEAR AWARD
GIVEN BY
DONALD T. STERLING HOMELESS & MEDICAL CENTER
HONORING

RAMY EL-BATRAWI
HUMANITARIAN OF THE YEAR
FOR HIS SUPPORT OF THE HOMELESS PEOPLE OF LOS ANGELES

MONDAY, JUNE 26, 2006

SPAGO
176 NORTH CANON DRIVE BEVERLY HILLS
COCKTAILS AT 6:30PM DINNER AT 7:30PM

SPECIAL GUESTS WILL INCLUDE
NATALIE COLE, LEE IACCOCA, BERRY GORDY, JR.,
AUTHOR JOHN GRAY, BISHOP CHARLES BLAKE, DON CORNELIUS,
DON JOHNSON, SMOKEY ROBINSON, DICK VAN DYKE,
MARCUS ALLEN, JIM BROWN, WILLIE GAULT, PEDRO FERRE
AND MANY MORE SUPPORTERS OF THE HOMELESS

PRODUCED BY TAMI BENNETT DIRECTED BY DIANA MILLER

RSVP TO DIANA MILLER 310.573.9649

BY INVITATION ONLY (NON-TRANSFERABLE)

我曾不止一次陷入无家可归的境地。多年来，我一直致力于帮助无家可归者

谨邀请您参加唐纳德·斯特林无家可归者收留和诊治中心

“年度人道主义者”奖颁奖仪式

授予

拉米·埃尔-巴特拉维

“年度人道主义者”奖

因其为洛杉矶无家可归者提供了帮助

2006年6月26日，星期一

颁奖地点

比弗利山庄卡农北路176号斯帕戈餐厅

下午6点30分将奉上鸡尾酒，晚上7点30分将举办晚宴

特别来宾包括：

纳塔利·科尔、李·亚科卡、小贝里·戈迪、

作家约翰·格雷、查尔斯·布莱克主教、唐·科尼利厄斯、

唐·约翰逊、斯摩基·罗宾逊、迪克·凡·戴克、马修斯·阿伦、

吉姆·布朗、威利·戈、佩德罗·费雷

和其他众多为无家可归者提供帮助的人士

制片：塔米贝内特　导演：戴安娜米勒

请复电戴安娜·米勒（310–573–9649）

凭请柬入场（不可转让）

在本章收尾之际，我想提醒读者，《思考致富》提出的原则不仅可以用于获取财富，还可运用于生活的方方面面。它们可以帮助你实现为自己设定的任何目标，例如获得伟大的爱情。

在本书出版前 18 个月，我遇到了梦中情人考特尼 · 科尔索。结识后的前 4 个月里，她一直拒绝和我约会。但无论被拒绝多少次，我仍然以同样的关注度和强烈欲望追求她。在追求任何重要的、值得实现的目标时，我都是如此。一年半以后，她接受了我的求婚。现在，我们结婚了。

结 论

你将如何回答这个问题？

读完本书，你会了解到，几十年来，面对“你能做到思考致富吗？”这个问题，我总是斩钉截铁地回答“能”。

你现在必须自己回答这个问题。他人的成功故事激励了我，我希望你能从本书汲取激励你的东西。

我的每一次失败都是一次机会，能证明“恐惧鬼魅”无法控制我，我可以继续前行。我不会寻找任何借以及“假如……会怎么样”。有太多人喜欢为自己找借口。你难免在某些时候遭受他人的质疑或者怀疑自己。这些时候，我的经历可以帮助你消除疑虑。如果致力于在金钱方面获得巨额回报，打造与之相匹配的生活方式，你必须把质疑抛诸脑后。

每个人都可以为自己开辟独特的道路。我的道路以我所说的非凡人生为目标。从初到坦帕时无家可归的街头生活，到首次在坦帕过上“富裕”生活，再到非凡人生，每一环节都是一个巨大幅度的跨越。我仍然认为《思考致富》帮助我完成了自我构建，但本着《思考致富》及拿破仑·希尔其他作品所体现的精神，本书旨在为读者提供解锁众多成功之门的“钥匙”。要是你能对这些“钥匙”进行改良，再好不过。

打造非凡人生的 28 把“钥匙”

- 对你想要的东西寄托深刻的情感，进而推动自己取得更大的成就。
- 必须始终抱有坚定决心和强烈欲望。
- 摒弃怀疑的心态，但不要抛弃那些曾经帮助你、信任你的人。
- 看到能激励你创造美好未来的字句，要始终记在心头。
- 让求富的欲望战胜你对失去的恐惧。
- 发现需求，然后满足需求。
- 要想打造非凡人生，必须与信任你的人携手同行，而不是踩着他们上位。
- 要想更快提升自己的实力，就需要利用他人的钱财。

利用他人的钱财，必须承担责任，舍己从人。

要始终相信自己，相信你所能完成的事。

如果走在错误的方向上，就要随时准备转变方向。

讲话时要始终流露出自信。言行举止有自信，才能吸引他人。

要想取得成功，就需要承担必要的风险。

好交易=所有人都获益

优柔寡断比错误决定损失更大。

获取信任的方法是令他人受益匪浅。

与他人一起工作，而非为他人工作。

经常盘点你的真实资产，即使强烈欲望是你唯一的资产。

- 每个人都会产生一个乃至多个大主意，但如果没能果断采取行动，这些主意将毫无作用。
- 从“拒绝”背后寻找“肯定”的可能性。
- 关注你和他人所能打造的东西。
- 谈话往往是了解和统一双方愿景的机会。
- 了解自己所遇到的挑战。
- 人不可能永远处于逆境之中。
- 如果可以控制自己的思想，你就绝不会被他人的思想控制。
- 奋斗不息者总有成功的可能。
- 所有失败都是暂时的。
- 清晰的目标可以指导你如何花钱。金钱本身并不能引导你制定清晰的目标。

在泽雷连锁店门前摆摊的日子里，我学会了制作钥匙。从那时起，我一直努力前行，坚信自己能打开人生道路上的每一道门，将所有障碍或挑战转换成机会，将所有“拒绝”转化成“肯定”。

你要利用拿破仑·希尔提出的原则释放自己的潜能，而首先要做的就是运用强烈情感（无论是正面的还是负面的）激发出强烈欲望。

下一步往哪走，完全由你自己决定。

后语

我的成功之路表明，《思考致富》一书中提出的各项原则确实有用。我并非生来拥有什么特殊或者不寻常的能力。我的思维方式也是在经年累月的集中磨炼之后才形成的。如果能将决定落实到具体行动上，让求富的欲望战胜对失去的恐惧，你也能像我一样成功。

在我的计划中，未来几年将会是我人生中成果最丰硕的时期。